Matemáticas diarias®

The University of Chicago School Mathematics Project

Mi libro de consulta

Matemáticas diarias®

The University of Chicago School Mathematics Project

Mi libro de consulta

Chicago, IL • Columbus, OH • New York, NY

UCSMP Elementary Materials Component

Max Bell, Director, UCSMP Elementary Materials Component; Director, *Everyday Mathematics* First Edition
James McBride, Director, *Everyday Mathematics* Second Edition
Andy Isaacs, Director, *Everyday Mathematics* Third Edition
Amy Dillard, Associate Director, *Everyday Mathematics* Third Edition
Rachel Malpass McCall, Associate Director, *Everyday Mathematics* Common Core State Standards Edition

Authors
Mary Ellen Dairyko, James Flanders, Rachel
Malpass McCall, Cheryl G. Moran

Contributors
Cynthia Annoh, Robert Hartfield, James McBride,
Cindy Pauletti, Kara Stalzer, Michael Wilson

Technical Art
Diana Barrie

everyday**math**.com

Copyright © 2012 by The McGraw-Hill Companies, Inc.

STEM McGraw-Hill is committed to providing instructional materials in Science, Technology, Engineering, and Mathematics (STEM) that give all students a solid foundation, one that prepares them for college and careers in the 21st century.

Send all inquiries to:
McGraw-Hill Education
STEM Learning Solutions Center
P.O. Box 812960
Chicago, IL 60681

ISBN: 978-0-02-115759-4
MHID: 0-02-115759-6

Printed in the United States of America.

1 2 3 4 5 6 7 8 9 QTN 17 16 15 14 13 12 11

Números y conteo · 1

Matemáticas... a diario
Números por todas partes: conteo 17

Operaciones y cómputo · 21

Contenido

Matemáticas... a diario
Medidas por todas partes: animales y herramientas   73

Juegos — 119

Calculadoras — 159

Índice — 166

Queridos niños:

Un libro de consulta es un libro que ayuda a la gente a hallar información. Los diccionarios, enciclopedias y libros de cocina son también libros de consulta.

Mi libro de consulta te puede ayudar a saber más sobre las matemáticas que estudias en clase. Puedes leer este libro de consulta con tu maestro, tu familia y tus compañeros de clase.

Encontrarás muchos temas de matemáticas en este libro. Algunos de ellos son:

◆ cómputos

◆ figuras

◆ relojes

◆ dinero

◆ medidas

◆ fracciones

◆ gráficas

◆ patrones

◆ historias de números

◆ familias de operaciones

◆ herramientas matemáticas

◆ juegos

También hallarás algunas palabras nuevas. Un adulto puede ayudarte a leer estas palabras.

Esperamos que disfrutes de este libro.

Atentamente,
Los autores

Números y conteo

Números por todas partes

Los números se usan
de muchas maneras.

> Cuenta las
> conchas marinas.
> ¿Cuántas hay?

● Los números se usan para **contar**.

Los números se usan para **medir**.

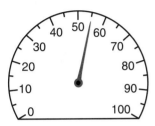

55 millas por hora

1 taza

50 libras

Los números se usan para **comparar**.

Un *nickel* vale $\frac{1}{2}$ de lo que vale un *dime*.

Lily es 5 pulgadas más alta que Jake.

tres **3**

Los números se usan como **códigos.**

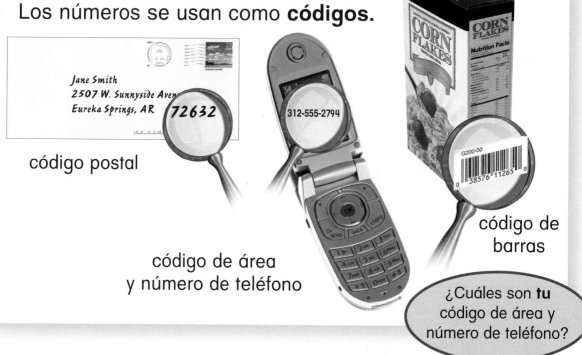

código postal

código de área
y número de teléfono

código de
barras

¿Cuáles son **tu**
código de área y
número de teléfono?

Los números se usan para **mostrar ubicaciones.**

Vivimos en
la calle Park, 35.

La pelota de fútbol americano
está en la línea de 50 yardas.

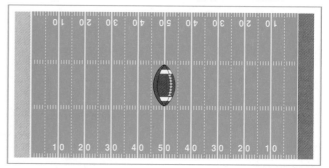

Los números se usan para **ordenar.**

Nota

Cuando usas números, di lo que estás contando o midiendo. Eso se llama la "unidad".

5 *pennies*

50 **libras** ← unidad

5^a **niña**

Prueben todos juntos

Mira en todo el salón. Trata de hallar números usados de diferentes maneras.

Herramientas para contar

Lean todos juntos

Las **rectas numéricas** y las **cuadrículas de números** son herramientas para contar. Para contar en una **recta** numérica, piensa que estás saltando de un número a otro.

Cuenta de 2 en 2. Comienza en 0.

Di: 0, 2, 4, 6, 8, 10, 12, 14

Cuenta de 1 en 1 hacia atrás. Comienza en 10.

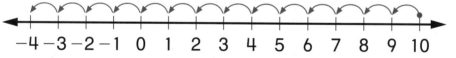

Di: 10, 9, 8, 7, 6, 5, 4, 3, 2, 1, 0, −1, −2, −3, −4

Cuenta de 5 en 5. Comienza en 0.

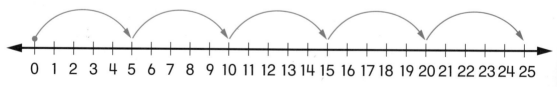

Di: 0, 5, 10, 15, 20, 25

Los números en una **cuadrícula de números** están en filas y columnas.

−9	−8	−7	−6	−5	−4	−3	−2	−1	0
1	2	3	4	5	6	7	8	9	10
11	12	13	14	15	16	17	18	19	20
21	22	23	24	25	26	27	28	29	30
31	32	33	34	35	36	37	38	39	40
41	42	43	44	45	46	47	48	49	50
51	52	53	54	55	56	57	58	59	60
61	62	63	64	65	66	67	68	69	70
71	72	73	74	75	76	77	78	79	80
81	82	83	84	85	86	87	88	89	90
91	92	93	94	95	96	97	98	99	100
101	102	103	104	105	106	107	108	109	110

Nota

Para pasar de una fila a la otra fila, sigue los colores que son iguales.

−9	−8	−7	−6	−5	−4	−3	−2	−1	0
1	2	3	4	5	6	7	8	9	10
11	12	13	14	15	16	17	18	19	20
21	22	23	24	25	26	27	28	29	30
31	32	33	34	35	36	37	38	39	40
41	42	43	44	45	46	47	48	49	50
51	52	53	54	55	56	57	58	59	60
61	62	63	64	65	66	67	68	69	70
71	72	73	74	75	76	77	78	79	80
81	82	83	84	85	86	87	88	89	90
91	92	93	94	95	96	97	98	99	100
101	102	103	104	105	106	107	108	109	110

• Cuando te mueves hacia la derecha, los números *aumentan* de 1 en 1. Por ejemplo: 15 es 1 *más* que 14.

Cuando te mueves hacia la izquierda, los números *disminuyen* de 1 en 1. Por ejemplo: 23 es 1 *menos* que 24.

Cuando te mueves hacia abajo, los números *aumentan* de 10 en 10. Por ejemplo: 37 es 10 *más* que 27.

Cuando te mueves hacia arriba, los números *disminuyen* de 10 en 10. Por ejemplo: 43 es 10 *menos* que 53.

Comparar números

Los símbolos se usan para **comparar** números.

$25 > 20$
25 **es mayor que** 20.

$20 < 25$
20 **es menor que** 25.

Nota

El símbolo $\neq$ significa: **no es igual a.**

$20 = 20$
20 **es lo mismo que** 20.
20 **es igual a** 20.

Para recordar mejor qué significan $>$ y $<$, piensa en un caimán.

El caimán se come el número más grande.

$31 > 18$

Valor posicional

Lean todos juntos

Los números se pueden escribir usando estos **dígitos**.

| 0 | 1 | 2 | 3 | 4 | 5 | 6 | 7 | 8 | 9 |

● La posición de un dígito en un número nos dice cuánto vale el dígito.

millares	,	centenas	decenas	unidades
1	,	3	4	2

El **1** en los **millares** vale **1,000**.

El **3** en las **centenas** vale **300**.

El **4** en las **decenas** vale **40**.

El **2** en las **unidades** vale **2**.

El número de arriba es 1,342.

Di: Mil trescientos cuarenta y dos.

Los **bloques de base 10** muestran números.

Bloque de base 10	Dibujos abreviados de base 10	Nombre	Valor
	▪	cubo	1
	❘	largo	10
	▢	plano	100
	▢	cubo grande	1,000

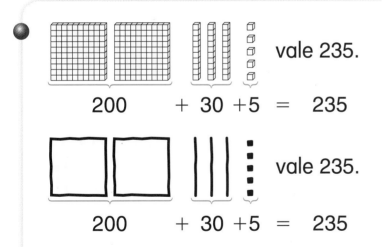

200 + 30 +5 = 235   vale 235.

200 + 30 +5 = 235   vale 235.

Usa bloques para mostrar 46 y 64. ¿El 6 vale más en 46 o en 64?

Fracciones

Lean todos juntos

Un objeto entero puede dividirse en **partes iguales**.

- una carátula de reloj entera  la carátula del reloj dividida en 4 partes iguales

- una galleta entera 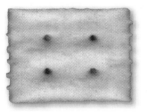 la galleta dividida en 3 partes iguales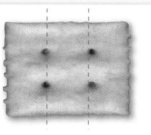

- un hexágono entero 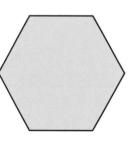 el hexágono dividido en 6 partes iguales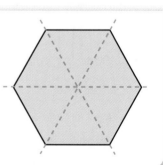

Las **fracciones** pueden nombrar partes de un entero.

La carátula del reloj entera se divide en 4 partes iguales.

1 parte está sombreada.

$\frac{1}{4}$ de la carátula del reloj está sombreada.

$\frac{1}{4}$

1 ◄——————— **numerador** (número de partes sombreadas)

4 ◄——————— **denominador** (número de partes iguales)

$\frac{1}{4}$ es una **fracción integrante.**

Una fracción integrante tiene un 1 en el numerador.

● La galleta entera se divide en 3 partes iguales.

$\frac{1}{3}$ de la galleta tiene jalea.

$\frac{2}{3}$ de la galleta no tienen jalea.

● El hexágono entero se divide en 6 partes iguales.

$\frac{4}{6}$ del hexágono son verdes.

$\frac{2}{6}$ del hexágono son amarillos.

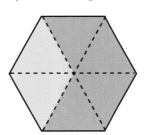

Las fracciones pueden nombrar partes de una colección.

● una colección de
6 *pennies*.

3 *pennies*
muestran caras.

$\frac{3}{6}$ de los *pennies*
muestran caras.

● una colección de 5 flores

1 de las flores es roja.

$\left(\frac{1}{5}\right)$ de las flores es rojo.

fracción integrante

Nota

Cuando el numerador y
el denominador de una
fracción son iguales, la
fracción significa
"1 entero".

$$\frac{4}{4} = 1$$

Las **fracciones equivalentes** nombran la misma cantidad.

 $\frac{1}{2}$ está
sombreado.

 $\frac{2}{4}$ están
sombreados.

$\frac{1}{2}$ es equivalente a $\frac{2}{4}$ porque está sombreada
la misma cantidad.

$$\frac{1}{2} = \frac{2}{4}$$

$\frac{2}{6}$ es equivalente a $\frac{1}{3}$.

$$\frac{2}{6} = \frac{1}{3}$$

Prueben todos juntos

Halla un objeto entero dividido en partes iguales.
¿Qué fracción nombra a una parte del entero?

Caja de coleccionar nombres

Lean todos juntos

Una **caja de coleccionar nombres** es un lugar donde escribir diferentes nombres para el mismo número.

Este rótulo le da nombre a la caja.

8	
7 + 1	~~HHH~~ ///
16 − 8	(ten frame)
Ⓝ Ⓟ Ⓟ Ⓟ	*eight*
ocho	100 − 92

$$\frac{1}{2} + \frac{1}{2} + \frac{1}{2} + \frac{1}{2} + \frac{1}{2} + \frac{1}{2} + \frac{1}{2} +$$
$$\frac{1}{2} + \frac{1}{2} + \frac{1}{2} + \frac{1}{2} + \frac{1}{2} + \frac{1}{2} + \frac{1}{2}$$

Ésta es una caja de coleccionar nombres para el 8.

Contar es una parte importante de nuestras vidas. Las personas cuentan todos los días.

◄ Un árbitro de béisbol cuenta el número de *strikes* y bolas lanzados a cada bateador.

◄ Los nadadores cuentan las brazadas para saber cuándo dar la vuelta.

Los herpetólogos estudian a los reptiles y a los anfibios. Cuentan los anillos de crecimiento de las tortugas de caja para averiguar cuántos años tienen. ▼

Éste es un anillo de crecimiento.

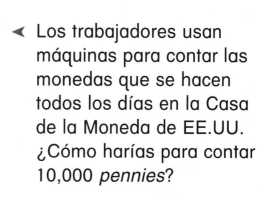

◄ Los trabajadores usan máquinas para contar las monedas que se hacen todos los días en la Casa de la Moneda de EE.UU. ¿Cómo harías para contar 10,000 *pennies*?

Los hematólogos son especialistas de la sangre. Cuentan los glóbulos rojos para comprobar la salud de las personas. ▼

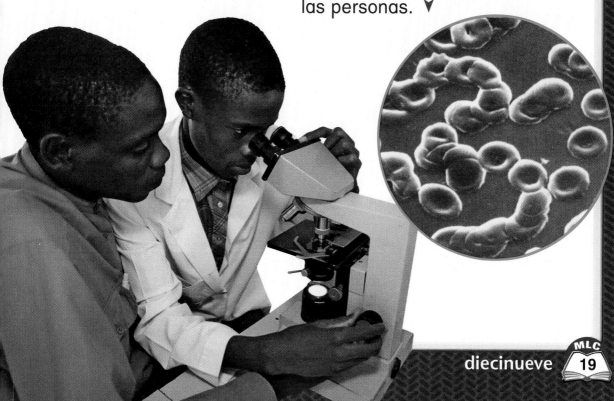

Los investigadores de la naturaleza tienen que estimar el número de aves que hay en una gran bandada. ¿Por qué los investigadores de la naturaleza tendrán la necesidad de contar pájaros? ▼

¿Qué cosas puedes contar *tú*?

Operaciones y cómputo

Suma y resta

Lean todos juntos

Para la suma y la resta usamos palabras
y símbolos.

● Usa + para mostrar la suma.

5 + 4 = 9

$$\begin{array}{r} 5 \\ + 4 \\ \hline 9 \end{array}$$

suma ⟶ 9

● Usa − para mostrar la resta.

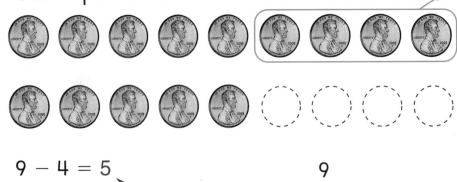

9 − 4 = 5

$$\begin{array}{r} 9 \\ - 4 \\ \hline 5 \end{array}$$

diferencia ⟶ 5

Una **recta numérica** te ayuda a hallar sumas.

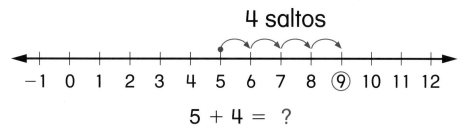

4 saltos

$$5 + 4 = \ ?$$

1. Comienza en el 5.

2. Cuenta hacia adelante 4 saltos.

Para en el 9.

$$5 + 4 = \ 9$$

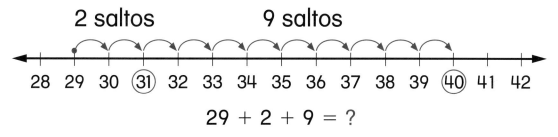

2 saltos   9 saltos

$$29 + 2 + 9 = \ ?$$

1. Comienza en el 29.

2. Cuenta hacia adelante 2 saltos.

Para en el 31.

3. Cuenta hacia adelante 9 saltos más.

Para en el 40.

$$29 + 2 + 9 = 40$$

Una recta numérica te ayuda a hallar diferencias.

● Una manera:

7 saltos

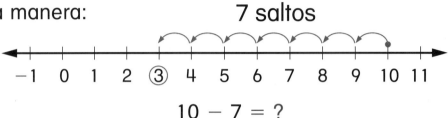

$$10 - 7 = ?$$

1. Comienza en el 10.

2. Cuenta hacia atrás 7 saltos. Para en el 3.

$$10 - 7 = 3$$

● Otra manera

¿? saltos

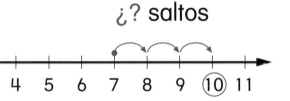

$$10 - 7 = ?$$

1. Comienza en el 7.

Piensa: ¿Cuántos saltos hay desde 7 hasta 10?

2. Cuenta hacia adelante hasta el 10. Hay 3 saltos.

$$10 - 7 = 3$$

Prueben todos juntos

Suma y resta números en una recta numérica.

Puedes usar una recta numérica para sumar.

17 + 25 = ?

1. Dibuja una recta. Marca y rotula el punto 17.

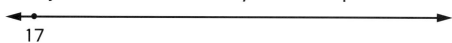

17

2. Piensa: 25 = 2 decenas y 5 unidades.

3. Comienza en el 17. **Cuenta hacia adelante** 1 decena.
Marca un punto en el 27.
Cuenta hacia adelante 1 decena más.
Marca un punto en el 37.

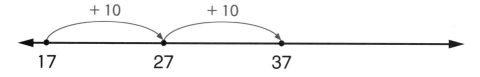

+ 10   + 10

17   27   37

4. Cuenta hacia adelante 5 unidades desde el 37.
Marca cada punto.

+1 +1 +1 +1 +1

17   27   37 38 39 40 41 42

Llegas al 42.

17 + 25 = 42

Puedes usar una recta numérica para restar.

$$52 - 34 = ?$$

1. Dibuja una recta. Marca y rotula el punto 52.

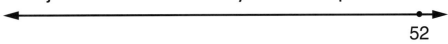

52

2. Piensa: 34 = 3 decenas y 4 unidades.

3. Comienza en el 52. **Cuenta hacia atrás** 1 decena. Marca el 42.

Cuenta hacia atrás 1 decena más. Marca el 32.
Cuenta hacia atrás 1 decena más. Marca el 22.

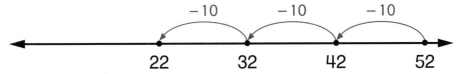

4. Cuenta hacia atrás 4 unidades desde el 22. Marca cada punto.

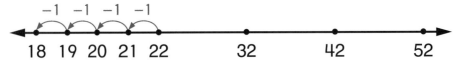

Llegas al 18.

$$52 - 34 = 18$$

Prueben todos juntos

Resuelve 52 – 34 de otra manera. Dibuja una recta numérica. Marca el 34. Cuenta hacia adelante hasta el 52.

Familias de operaciones

Lean todos juntos

Una **familia de operaciones** es un grupo de operaciones relacionadas que usan los mismos números.

Los dominós te ayudan a hallar familias de operaciones.

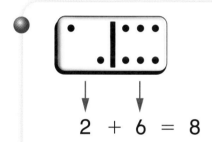

$2 + 6 = 8$

$2 + 6 = 8$	$8 - 6 = 2$
$6 + 2 = 8$	$8 - 2 = 6$

Ésta es la familia de operaciones de 2, 6 y 8.

$7 + 7 = 14$

$7 + 7 = 14$	$14 - 7 = 7$

Esta **familia de operaciones con dobles** usa 7, 7 y 14.

Nota

Las familias de operaciones con dobles sólo tienen dos operaciones en vez de cuatro.

Puedes usar una **tabla de operaciones de suma y resta** para ayudarte a hallar familias de operaciones.

+,−	0	1	2	3	4	5	6	7	8	9	10
0	0	1	2	3	4	5	6	7	8	9	10
1	1	2	3	4	5	6	7	8	9	10	11
2	2	3	4	5	6	7	8	9	10	11	12
3	3	4	5	6	7	8	9	10	11	12	13
4	4	5	6	7	8	9	10	11	12	13	14
5	5	6	7	8	9	10	11	12	13	14	15
6	6	7	8	9	10	11	12	13	14	15	16
7	7	8	9	10	11	12	13	14	15	16	17
8	8	9	10	11	12	13	14	15	16	17	18
9	9	10	11	12	13	14	15	16	17	18	19
10	10	11	12	13	14	15	16	17	18	19	20

Ésta es la familia de operaciones de 9, 7 y 16.

9 + 7 = 16   16 − 7 = 9

7 + 9 = 16   16 − 9 = 7

Los **triángulos de operaciones** muestran los
3 números de una familia de operaciones.

$3 + 5 = 8$ $8 - 5 = 3$

$5 + 3 = 8$ $8 - 3 = 5$

Ésta es la familia de
operaciones de 8, 5 y 3.

Puedes usar los triángulos para practicar operaciones.

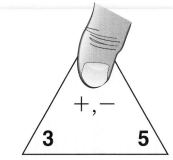

Para practicar la suma, tapa el
número que está junto al punto.

Tapa el 8. Piensa:

$3 + 5 = ?$ $5 + 3 = ?$

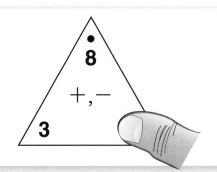

Para practicar la resta, tapa
uno de los otros números.

Tapa el 5. Piensa:

$8 - 3 = ?$ $3 + ? = 8$

Prueben todos juntos

Usa tus triángulos para jugar a *Gánale a la calculadora.*

Sumar números de dos dígitos

Lean todos juntos

Hay muchas maneras diferentes de sumar números más grandes.

Prueba ésta ⟶ $17 + 25 = ?$

Puedes usar **bloques de base 10** para sumar.

1. Muestra 17.

2. Suma 25 más.

3. Cuenta todos los bloques.   30   12

$$17 + 25 = 42$$

¿Cómo puedes cambiar los bloques de base 10 para que contar sea más fácil?

Puedes usar una **cuadrícula de números** para sumar.

−9	−8	−7	−6	−5	−4	−3	−2	−1	0
1	2	3	4	5	6	7	8	9	10
11	12	13	14	15	16	17	18	19	20
21	22	23	24	25	26	27	28	29	30
31	32	33	34	35	36	37	38	39	40
41	42	43	44	45	46	47	48	49	50
51	52	53	54	55	56	57	58	59	60
61	62	63	64	65	66	67	68	69	70
71	72	73	74	75	76	77	78	79	80
81	82	83	84	85	86	87	88	89	90
91	92	93	94	95	96	97	98	99	100
101	102	103	104	105	106	107	108	109	110

Nota

Cuando llegues al final de una fila, ve al inicio de la fila siguiente y sigue contando.

$$17 + 25 = ?$$

1. Comienza en el 17.

2. Suma 20.
   • Baja 2 filas hasta el 37.

3. Suma 5.
   • Cuenta 5 más hasta el 42.

$$17 + 25 = 42$$

Para sumar, puedes usar el **método de suma con sumas parciales.**

$$17 + 25 = ?$$

10	1
1	7
+ 2	5
3	0
1	2
4	2

1. Suma las decenas. $10 + 20 = 30 \quad 0$

2. Suma las unidades. $7 + 5 = 1 \quad 2$

3. Suma las sumas parciales. $30 + 12 = 4 \quad 2$

$$17 + 25 = 42$$

Prueben todos juntos

Suma dos números más grandes. Muéstrale a un compañero lo que hiciste.

Puedes usar la **suma tradicional de EE.UU.** para sumar.

$$17 + 25 = ?$$

1. Suma las unidades.

7 + 5 = 12

- 12 = 1 decena + 2 unidades.
- Escribe 1 arriba de los números en el lugar de las decenas.
- Escribe 2 en el lugar de las unidades bajo la línea.

$$
\begin{array}{r}
\;1 \\
1\;\;7 \\
+\;\;2\;\;5 \\
\hline
2
\end{array}
$$

2. Suma las decenas.

1 + 1 + 2 = 4

- Escribe 4 en el lugar de las decenas bajo la línea.

$$
\begin{array}{r}
\;1 \\
1\;\;7 \\
+\;\;2\;\;5 \\
\hline
4\;\;2
\end{array}
$$

$$17 + 25 = 42$$

MLC
30A

Puedes usar la **suma tradicional de EE.UU.** para sumar números más grandes.

$$398 + 427 = ?$$

1. Suma las unidades. $8 + 7 = 15$
   - 15 es 1 decena y 5 unidades.
   - Escribe 1 arriba de los números en el lugar de las decenas.
   - Escribe 5 en el lugar de las unidades bajo la línea.

```
      1
    3 9 8
  + 4 2 7
  -------
        5
```

2. Suma las decenas. $1 + 9 + 2 = 12$
   - 12 decenas es 1 centena y 2 decenas.
   - Escribe 1 arriba de los números en el lugar de las centenas y 2 en el lugar de las decenas bajo la línea.

```
    1 1
    3 9 8
  + 4 2 7
  -------
      2 5
```

3. Suma las centenas. $1 + 3 + 4 = 8$
   - Escribe 8 en el lugar de las centenas bajo la línea.

```
    1 1
    3 9 8
  + 4 2 7
  -------
    8 2 5
```

$$398 + 427 = 825$$

Prueben todos juntos

Suma dos números grandes. Muéstrale a un compañero lo que hiciste.

Restar números de dos dígitos

Lean todos juntos

Hay muchas maneras diferentes de restar números más grandes.

Prueba ésta ⟶ $43 - 27 = ?$

Puedes usar **bloques de base 10** para restar.

1. Muestra 43.

2. Quítale 20.

3. No se puede quitar 7.
Cambia 1 largo por 10 cubos.

4. Quita 7.

5. Sobran 1 largo y 6 cubos.

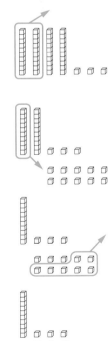

$$43 - 27 = 16$$

Puedes usar una **cuadrícula de números** para restar.

-9	-8	-7	-6	-5	-4	-3	-2	-1	0
1	2	3	4	5	6	7	8	9	10
11	12	13	14	15	16	17	18	19	20
21	22	23	24	25	26	27	28	29	30
31	32	33	34	35	36	37	38	39	40
41	42	43	44	45	46	47	48	49	50
51	52	53	54	55	56	57	58	59	60
61	62	63	64	65	66	67	68	69	70
71	72	73	74	75	76	77	78	79	80
81	82	83	84	85	86	87	88	89	90
91	92	93	94	95	96	97	98	99	100
101	102	103	104	105	106	107	108	109	110

$$43 - 27 = ?$$

1. Comienza en el 43.

2. Resta 20.
   - Sube 2 filas hasta el 23.

3. Resta 7.
   - Cuenta 7 hacia atrás hasta el 16.

$$43 - 27 = 16$$

Otra manera de restar en una cuadrícula de números es contar hacia adelante.

−9	−8	−7	−6	−5	−4	−3	−2	−1	0
1	2	3	4	5	6	7	8	9	10
11	12	13	14	15	16	17	18	19	20
21	22	23	24	25	26	27	28	29	30
31	32	33	34	35	36	37	38	39	40
41	42	43	44	45	46	47	48	49	50
51	52	53	54	55	56	57	58	59	60
61	62	63	64	65	66	67	68	69	70
71	72	73	74	75	76	77	78	79	80
81	82	83	84	85	86	87	88	89	90
91	92	93	94	95	96	97	98	99	100
101	102	103	104	105	106	107	108	109	110

Nota

Puedes contar hacia adelante para hallar cuánto cambio te devuelven en la tienda.

$$43 - 27 = ?$$

1. Comienza en el 27.

2. Cuenta 10 hacia adelante.
- Baja 1 fila hasta el 37.

3. Cuenta 6 más hacia adelante.
- Cuenta 6 más hasta el 43.

$$43 - 27 = 16$$

● Para restar, puedes usar el **método de restar cambiando primero**.

$$43 - 27 = ?$$

No puedes quitar 7 unidades de 3 unidades sin que obtengas un número negativo.

10	1
4	**3**
− 2	**7**

1. Entonces, cambia 1 decena por 10 unidades.
4 decenas − 1 decena = 3 decenas
3 unidades + 10 unidades = 13 unidades

10	1
3	**13**
4̶	3̶
− 2	7

2. Resta las decenas y las unidades.

10	1
3	**13**
4̶	3̶
− 2	7
1	**6**

¿Por qué puedes cambiar 10 unidades por 1 decena?

$$43 - 27 = 16$$

También puedes usar el **método de restar cambiando primero** para restar números mayores de dos dígitos.

$$352 - 168 = ?$$

1. Mira el lugar de las unidades.
No puedes quitar 8 unidades
de 2 unidades sin obtener
un número negativo.

100	10	1
3	5	**2**
− 1	6	**8**

2. Entonces, cambia 1 decena
por 10 unidades.
5 decenas − 1 decena = 4 decenas
2 unidades + 10 unidades = 12 unidades

100	10	1
	4	**12**
3	~~5~~	~~2~~
− 1	6	8

3. Mira el lugar de las decenas.
No puedes quitar 6 decenas
de 4 decenas sin obtener
un número negativo.

100	10	1
	4	12
3	~~5~~	~~2~~
− 1	**6**	8

4. Entonces, cambia 1 centena
por 10 decenas.
3 centenas − 1 centena = 2 centenas
4 decenas + 10 decenas = 14 decenas

100	10	1
	14	
2	4	12
3	5	2
− 1	6	8

5. Ahora resta las centenas,
decenas y unidades.

100	10	1
	14	
2	4	**12**
3	5	2
− 1	6	8
1	8	4

$$352 - 168 = 184$$

Prueben todos juntos

Resta dos números grandes. Muéstrale a un compañero lo que hiciste.

Puedes usar el **método de resta de contar hacia adelante** para restar.

$$43 - 27 = ?$$

1. Comienza en el 27.
Cuenta hacia adelante hasta la decena más cercana.

$$\begin{array}{r} 27 \\ + ③ \\ \hline 30 \\ + ⑩ \\ \hline 40 \\ + ③ \\ \hline \mathbf{43} \end{array}$$

Encierra en un círculo cada número que cuentas hacia adelante.

2. Cuenta hacia adelante de diez en diez hasta 40.

3. Cuenta hacia adelante hasta 43.

$$\begin{array}{r} 3 \\ 10 \\ + \ 3 \\ \hline 16 \end{array}$$

4. Suma los números que encerraste en un círculo.

$$3 + 10 + 3 = 16$$

Piensa:

$$\begin{array}{ccc} +\mathbf{3} & +\mathbf{10} & +\mathbf{3} \\ 27 \rightarrow 30 \rightarrow 40 \rightarrow 43 \end{array}$$

$$3 + 10 + 3 = 16$$

$$43 - 27 = 16$$

Prueben todos juntos

Resta dos números más grandes. Muéstrale a un compañero lo que hiciste.

Puedes usar la **resta tradicional de EE.UU.** para restar.

● $43 - 27 = ?$

1. Comienza con las unidades.
   Como $7 > 3$, necesitas reagrupar.
   Cambia 1 decena por 10 unidades.
   $43 = 3$ decenas $+ 13$ unidades.
   Resta las unidades: $13 - 7 = 6$.

3	13
~~4~~	~~3~~
− 2	7
	6

2. Ve al lugar de las decenas.
   No necesitas reagrupar.
   Resta las decenas: $3 - 2 = 1$.

3	13
~~4~~	~~3~~
− 2	7
1	6

$43 - 27 = 16$

● $352 - 168 = ?$

1. Comienza con las unidades.
   Como $8 > 2$, debes reagrupar.

100	10	1
3	5	2
− 1	6	8

2. Cambia 1 decena por 10 unidades.
   $52 = 4$ decenas $+ 12$ unidades
   Resta las unidades: $12 - 8 = 4$.

100	10	1
	4	12
3	~~5~~	~~2~~
− 1	6	8
		4

3. Ahora ve al lugar de las decenas.
Como 6 > 4, debes reagrupar.

100	10	1
	4	12
3	~~5~~	~~2~~
– 1	6	8
		4

4. Cambia 1 centena por 10 decenas.
340 = 2 centenas + 14 decenas
Resta las decenas: 14 − 6 = 8.

100	10	1
	14	
2	~~4~~	12
~~3~~	~~5~~	~~2~~
– 1	6	8
	8	4

5. Ahora ve al lugar de las centenas.
No necesitas reagrupar.
Resta las centenas: 2 − 1 = 1.

100	10	1
	14	
2	~~4~~	12
~~3~~	~~5~~	~~2~~
– 1	6	8
1	8	4

$$352 - 168 = 184$$

Grupos y porciones iguales

Lean todos juntos

Los **grupos iguales** tienen el mismo número de cosas.

Hay tres arañas. Cada araña tiene 8 patas. Hay 24 patas en total.

8 patas   8 patas   8 patas

A veces hay cosas que quieres repartir en partes iguales.

Cuando divides en **porciones iguales,** cada grupo tiene el mismo número de objetos.

Hay 4 niños.
Los niños se reparten 12 canicas en partes iguales.
A cada niño le tocan 3 canicas.
Tienen **porciones iguales**.

Triángulos de operaciones de multiplicación y división

Lean todos juntos

Los **triángulos de operaciones** de multiplicación y división muestran los 3 números de una familia de operaciones.

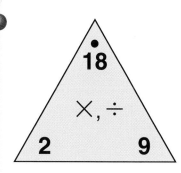

$2 \times 9 = 18$ $18 \div 9 = 2$

$9 \times 2 = 18$ $18 \div 2 = 9$

Ésta es la familia de operaciones de 2, 9 y 18.

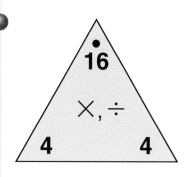

$4 \times 4 = 16$ $16 \div 4 = 4$

Ésta es la familia de operaciones de 4, 4 y 16.

Puedes usar triángulos de operaciones para practicar operaciones.

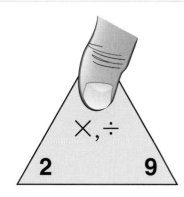

Para practicar la multiplicación, tapa el número que está junto al punto.

Tapa el 18. Piensa:

$2 \times 9 = ?$ $\qquad$ $9 \times 2 = ?$

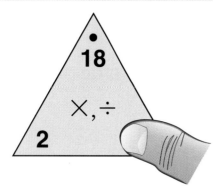

Para practicar la división, tapa uno de los otros números.

Tapa el 9. Piensa:

$18 \div 2 = ?$ $\qquad$ $2 \times ? = 18$

Prueben todos juntos

Usa tus triángulos de operaciones de multiplicación y división para jugar a *Gánale a la calculadora*.

Datos y posibilidad

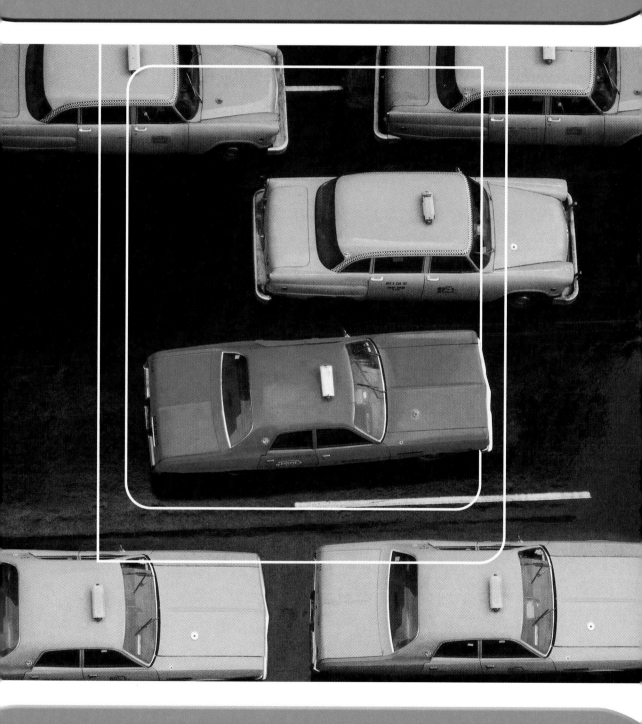

Tabla de conteo y diagrama de puntos

Lean todos juntos

La información que alguien recopila se llama **datos.**

- Una **tabla de conteo** es una manera de organizar datos.

Dientes que se les cayeron a los niños de la clase del Sr. Alan

Número de dientes que se cayeron	Número de niños
0	̶H̶H̶
1	̶H̶H̶ //
2	///
3	////
4	/
5	

Nota

Recuerda: la quinta marca de conteo atraviesa el grupo de cuatro marcas anteriores.

̶H̶H̶

Esta tabla de conteo muestra el número de dientes que se les cayeron a los niños de la clase del Sr. Alan.

Hay 3 marcas de conteo a la derecha del 2. Esto quiere decir que a 3 niños se les cayeron 2 dientes.

Un **diagrama de puntos** es otra manera de organizar datos.

Dientes que se les cayeron a los niños de la clase del Sr. Alan

```
                    X
                    X
Número       X      X
  de         X      X            X
 niños       X      X      X     X
             X      X      X     X
             X      X      X     X
             X      X      X     X      X
           ─────────────────────────────────
             0      1      2     3      4      5
```

Número de dientes
que se cayeron

Este diagrama de puntos muestra los mismos datos que la tabla de conteo de la página 40.

Hay 3 X sobre el 2.
Esto quiere decir que a 3 niños se les cayeron 2 dientes.

¿Cuántos dientes se te han caído?

Prueben todos juntos

¿A cuántos niños no se les cayó ningún diente?

Gráficas

Lean todos juntos

Una **gráfica ilustrada** usa una figura o un símbolo para mostrar datos.

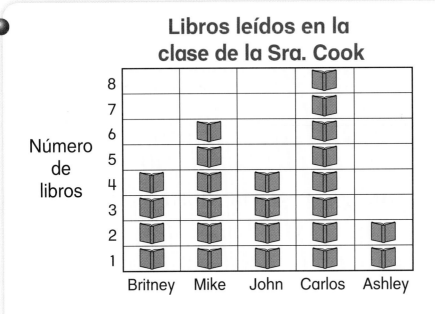

Libros leídos en la clase de la Sra. Cook

Hay 4 📖 sobre Britney.
Esto quiere decir que Britney leyó 4 libros.

Hay 6 📖 sobre Mike.
Esto quiere decir que Mike leyó 6 libros.

Mike leyó más libros que Britney.

Un **pictograma** también usa figuras o símbolos para mostrar datos.

La **clave** en un pictograma indica qué representa cada figura.

Libros leídos en la clase de la Sra. Cook

Britney	📖 📖
Mike	📖 📖 📖
John	📖 📖
Carlos	📖 📖 📖 📖
Ashley	📖

Clave: Cada 📖 = 2 libros.

Este pictograma muestra los mismos datos que la gráfica ilustrada de la página 42.

La clave de este pictograma nos indica que cada 📖 representa 2 libros leídos.

Hay 2 📖 a la derecha de Britney.
Esto quiere decir que Britney leyó 4 libros.

Hay 3 📖 a la derecha de Mike.
Esto quiere decir que Mike leyó 6 libros.

Carlos fue el que leyó más libros.

Una **gráfica de barras** usa barras para mostrar datos.

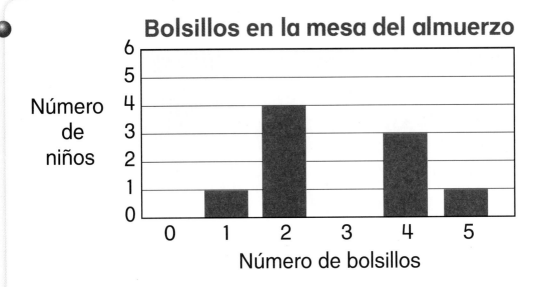

Bolsillos en la mesa del almuerzo

Número de niños

Número de bolsillos

La barra sobre el 5 muestra que 1 niño tiene 5 bolsillos.

La barra sobre el 4 es más alta. Esto muestra que hay más niños que tienen 4 bolsillos que 5 bolsillos.

No hay ninguna barra sobre el 3. Esto muestra que no hay niños que tengan 3 bolsillos.

Prueben todos juntos

¿Cuántos niños hay en la mesa del almuerzo?

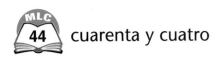

Describir datos

Aquí tienes algunos números que describen datos.

- La **moda** es el número que aparece con más frecuencia.
La moda de bolsillos en la mesa del almuerzo es **2.**
Más niños tienen 2 bolsillos que cualquier otro número
de bolsillos.

  El **máximo** es el número mayor.
El máximo de bolsillos en la mesa del almuerzo es **5.**
Hay un niño que tiene 5 bolsillos.

  El **mínimo** es el número menor.
El mínimo de bolsillos en la mesa del almuerzo es **1.**
Hay un niño que tiene 1 bolsillo.

  El **rango** es la diferencia entre el número mayor y el
número menor. Resta el mínimo del máximo para hallar
el **rango.**

máximo	5 bolsillos
mínimo −	1 bolsillo
rango	**4 bolsillos**

  El rango de bolsillos es **4.**

● La **mediana** es el número de en medio de un conjunto de datos.

Bolsillos en la mesa del almuerzo

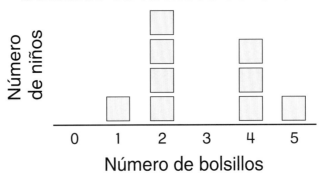

Para hallar la **mediana:**

1. Pon el número de bolsillos en orden de menor a mayor.

1   2   2   2   2   4   4   4   5

2. Halla el número de bolsillos de en medio.

1   2   2   2   **2**   4   4   4   5

El número de en medio es la mediana.

La mediana del número de bolsillos es **2.**

Prueben todos juntos

Pregunta a 5 personas cuántos bolsillos tienen. Organiza los datos que recopiles. Luego halla la moda, el rango y la mediana.

Posibilidad

Lean todos juntos

Cuando haces girar la flecha de una rueda giratoria de colores, ésta puede parar en cualquiera de los colores. Puedes **predecir** en qué color parará, pero puedes equivocarte.

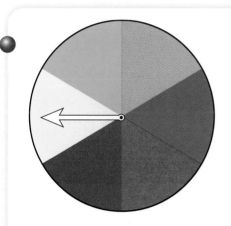

La flecha tiene la **misma posibilidad** de parar en amarillo, verde, naranja, azul, rojo o morado.

La flecha no tiene **ninguna posibilidad** de parar en rosa porque no hay rosa en la rueda.

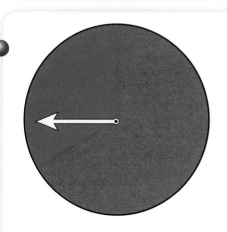

Es **seguro** que la rueda giratoria parará en rojo o en azul.

La posibilidad de parar en rojo es mayor que la posibilidad de parar en azul.

¿Qué es lo más probable que ocurra?

● Imagina que cierras los ojos, metes la mano en la bolsa y sacas un bloque.

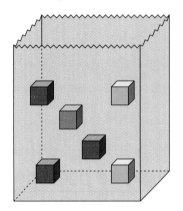

3 bloques rojos
2 bloques amarillos
1 bloque azul

Lo **más probable** es que saques un bloque rojo porque hay más bloques rojos que azules o amarillos.

Lo **menos probable** es que saques un bloque azul porque hay menos bloques azules que rojos o amarillos.

Prueben todos juntos

Pon 1 crayón rojo, 2 crayones amarillos y 3 crayones azules en una bolsa. ¿Qué crayón es más probable que saques? ¿Qué crayón es menos probable que saques? Luego cierra los ojos, mete la mano en la bolsa y saca un crayón. ¿Qué puede pasar si lo haces de nuevo? ¿Qué puede pasar si lo haces 10 veces? ¿Y 100 veces?

Geometría

Puntos, segmentos de recta y rectas

Lean todos juntos

Un **punto** es un lugar en el espacio.
Un punto se representa así: A
Se llama punto A.

Los **segmentos de recta** y las **rectas** están formados por puntos.

Figura	Nombre de la figura	Símbolo de la figura
extremos C D	Éste es un **segmento de recta.** Tiene 2 **extremos.** Se llama segmento de recta *CD* o segmento de recta *DC*.	$\overline{CD}$ o $\overline{DC}$
F E	Ésta es una **recta.** Se llama recta *EF* o recta *FE*. Las puntas de las flechas muestran que la recta sigue sin terminar en ambas direcciones.	$\overleftrightarrow{EF}$ o $\overleftrightarrow{FE}$

Las **rectas paralelas** nunca se unen. Siempre mantienen la misma distancia entre sí.

Los **segmentos de recta paralelos** son partes de rectas paralelas.

● Estas rectas son paralelas.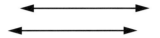

Estos segmentos de recta son paralelos.

● Estas rectas no son paralelas.
Se **intersecan.**

Estos segmentos de recta no son paralelos.
Se **intersecan.**

Prueben todos juntos

Mira a tu alrededor en el salón. Halla todos los segmentos de recta paralelos que puedas.

Figuras bidimensionales

Lean todos juntos

Las figuras planas también se llaman **bidimensionales.**
Puedes dibujarlas en un papel.

• Esta figura bidimensional es un **polígono.**
Los polígonos están formados por segmentos de recta.

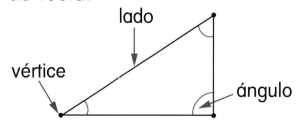

lado

vértice

ángulo

Nota

El punto en el que se unen dos lados se llama **vértice.**

Este polígono tiene 3 **lados,** 3 **ángulos** y 3 **vértices.**

• Estas figuras bidimensionales también son polígonos.

Estas figuras bidimensionales son polígonos.

Estas figuras bidimensionales **no** son polígonos.

Los lados se cruzan.

Algunos lados son curvos.

No hay 3 o más lados.

abierto

Los lados no están cerrados.

Nota

Todos los polígonos son figuras cerradas, pero no todas las figuras cerradas son polígonos.

● Aquí tienes más figuras bidimensionales.

Un **círculo** no tiene lados rectos.

Un **triángulo** tiene 3 lados.

Un **pentágono** tiene 5 lados.

Un **hexágono** tiene 6 lados.

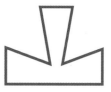

Un **heptágono** tiene 7 lados.

Un **octágono** tiene 8 lados.

¿Qué figura tiene 2 lados más que un triángulo?

Todas estas figuras bidimensionales son **cuadrángulos.** Los cuadrángulos también se llaman **cuadriláteros.**

● Un cuadrángulo tiene 4 lados, 4 ángulos y 4 vértices.

esquina en ángulo recto

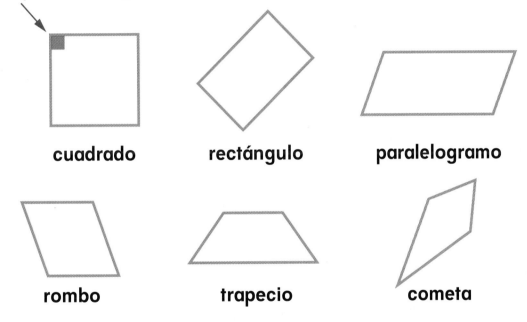

cuadrado	**rectángulo**	**paralelogramo**
rombo	**trapecio**	**cometa**

Prueben todos juntos

Escoge una de las figuras bidimensionales de las páginas 54 y 55. Descríbela a un compañero sin decir el nombre de la figura. ¿Puede adivinar tu compañero qué figura estás describiendo?

Figuras tridimensionales

Lean todos juntos

Una figura **tridimensional** ocupa espacio.
Los objetos que puedes tomar con la mano
son tridimensionales.

- Algunas figuras tridimensionales son **prismas rectangulares.**

 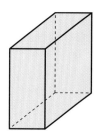  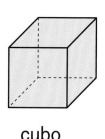

cubo   cubo

- Algunas figuras tridimensionales son **pirámides.**

ápice

 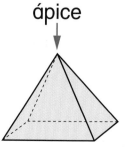 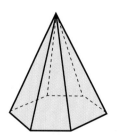

Algunas figuras tridimensionales son **conos.**

ápice

Algunas figuras tridimensionales son **cilindros.**

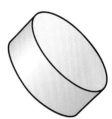

Algunas figuras tridimensionales son **esferas.**

Algunas figuras tridimensionales tienen caras, aristas y vértices.

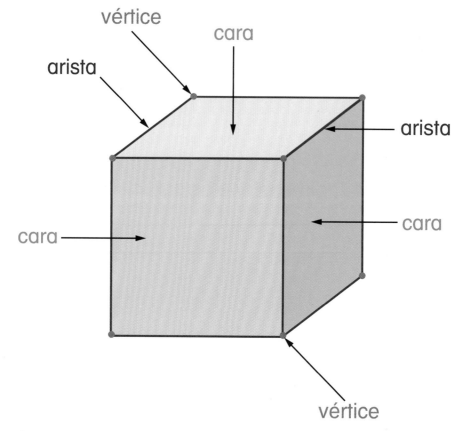

vértice

cara

arista

arista

cara

cara

vértice

Un cubo tiene 6 **caras**, 12 **aristas** y 8 **vértices.**

Algunas caras de algunas figuras tridimensionales se llaman **bases.**

- Las bases están sombreadas de verde.

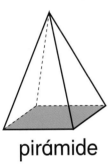

cono

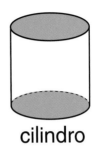

cilindro

pirámide

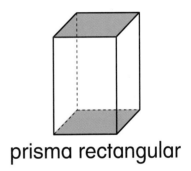

prisma rectangular

Prueben todos juntos

Mira a tu alrededor en el salón. Halla figuras tridimensionales. ¿Puedes hallar un prisma rectangular? ¿Puedes hallar una esfera?

Simetría axial

Cuando una figura se puede doblar a la mitad y ambas mitades coinciden exactamente, la figura tiene **simetría axial.** La línea del doblez se llama **eje de simetría.**

- Las partes son iguales.

eje de simetría

Las partes no son iguales.

no es eje de simetría

- 2 ejes de simetría

4 ejes de simetría

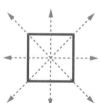

Prueben todos juntos

¿Cuántos ejes de simetría tiene un círculo?

60 sesenta

Medidas

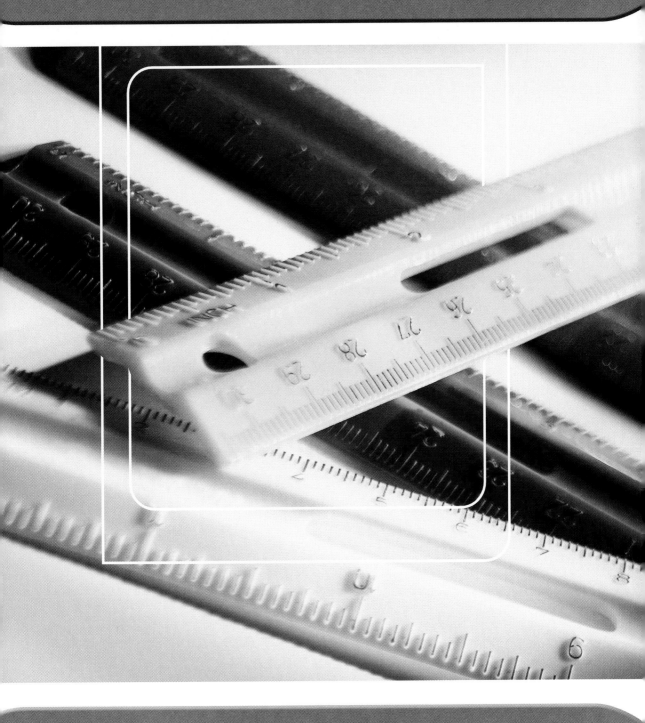

Longitud

Lean todos juntos

Puedes usar las partes del cuerpo para medir. Las medidas del cuerpo nos dicen qué tan largo es un objeto. Como las personas son diferentes, estas medidas cambian según las personas.

Aquí tienes algunos ejemplos.

dígito

La goma de borrar mide alrededor de 4 dígitos de largo.

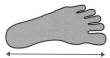

pie

La puerta mide alrededor de 5 pies de ancho.

braza (o *fathom*)

El pizarrón mide unas 3 brazas de ancho.

Aquí tienes algunos ejemplos más.

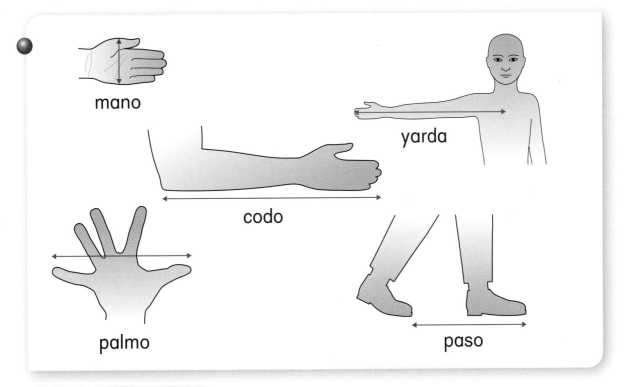

mano

yarda

codo

palmo

paso

¿Lo sabías?

Dígito es otra manera de decir "dedo" de la mano o del pie.

¿Cuántos dígitos tienes?

Puedes usar **herramientas** para medir la longitud. Estas herramientas usan **unidades estándar** que nunca cambian. Las unidades estándar son las mismas para todos.

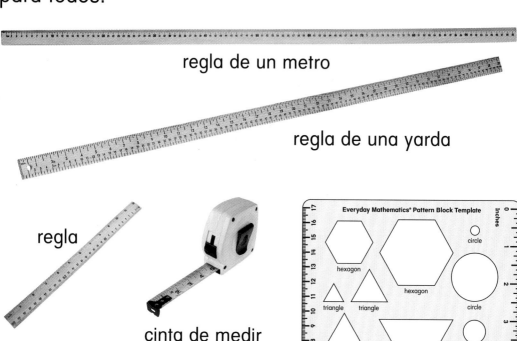

regla de un metro

regla de una yarda

regla

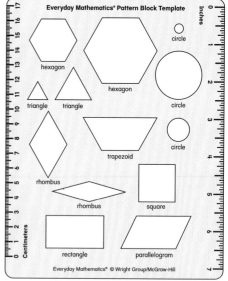

cinta de medir

Nota

Puedes medir la distancia que rodea un objeto con una cinta de medir. Esta distancia se llama **circunferencia.**

Plantilla de bloques geométricos

Una **pulgada** es una unidad estándar.

Las **reglas** a menudo tienen pulgadas marcadas en uno de los bordes.

Mide a la pulgada más cercana.

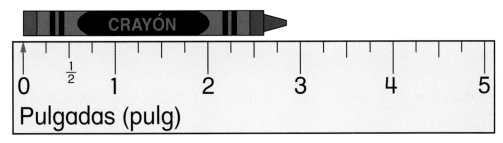

El crayón mide **alrededor de 3 pulgadas** de largo.

Nota

Cuando mides, alinea un extremo del objeto con la marca "0" de la regla.

Mide a la $\frac{1}{2}$ pulgada más cercana.

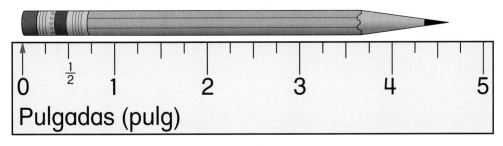

El lápiz mide **alrededor de 4 $\frac{1}{2}$ pulgadas** de largo.

Un **centímetro** es otra unidad estándar.

Las reglas a menudo tienen centímetros marcados en uno de los bordes.

● Mide al centímetro más cercano.

El clip mide **alrededor de 5 centímetros** de largo.

● Mide al $\frac{1}{2}$ centímetro más cercano.

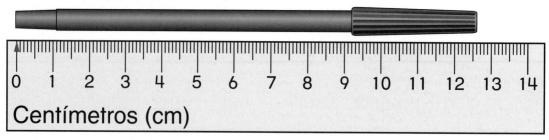

El marcador mide **alrededor de 12 $\frac{1}{2}$ centímetros** de largo.

Hoy en día, las personas usan dos sistemas de medidas. Uno es el sistema tradicional de EE.UU. y el otro es el sistema métrico decimal.

Aquí tienes algunas **unidades de longitud.**

Tablas de medidas de longitud

Unidades tradicionales de EE.UU.	Unidades métricas
1 yarda (yd) = 36 pulgadas (pulg) = 3 pies	1 metro (m) = 100 centímetros (cm) = 10 decímetros (dm)
1 pie = 12 pulgadas = $\frac{1}{3}$ de yarda	1 decímetro = 10 centímetros = $\frac{1}{10}$ de metro
1 pulgada = $\frac{1}{12}$ de pie = $\frac{1}{36}$ de yarda	1 centímetro = $\frac{1}{10}$ de decímetro = $\frac{1}{100}$ de metro

Prueben todos juntos

Estima la longitud de un objeto. Luego mídelo con una regla.

Perímetro y área

Lean todos juntos

¿De qué maneras usas las medidas?

- Algunas veces quieres saber la distancia que rodea a una figura. Esta distancia es el **perímetro** de la figura.

- Suma las longitudes de los lados para hallar el perímetro.

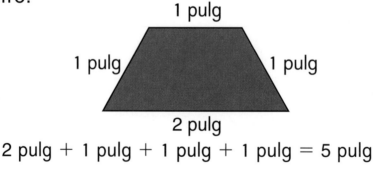

1 pulg

1 pulg   1 pulg

2 pulg

2 pulg + 1 pulg + 1 pulg + 1 pulg = 5 pulg

El perímetro de la figura es de 5 pulgadas.

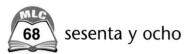

Algunas veces quieres saber la cantidad de superficie que hay dentro de una figura. La cantidad de superficie dentro de una figura es el **área** de la figura.

El área se mide en unidades cuadradas.

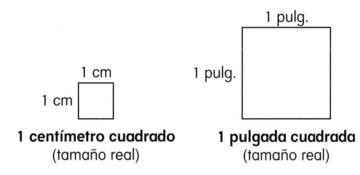

1 centímetro cuadrado
(tamaño real)

1 pulgada cuadrada
(tamaño real)

Cuenta los cuadrados para hallar el área del rectángulo.

Cada cuadrado mide 1 centímetro.

Hay 8 cuadrados en el rectángulo.

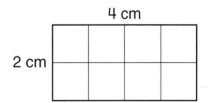

El área de este rectángulo es de 8 centímetros cuadrados.

Puedes cubrir una figura con unidades cuadradas para hallar el área.

El área es el número de cuadrados.

• Cuenta los cuadrados para hallar el área.

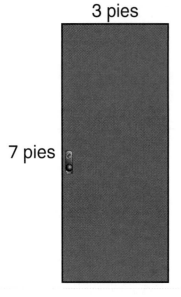

3 pies

7 pies

1	2	3
4	5	6
7	8	9
10	11	

1	2	3
4	5	6
7	8	9
10	11	12
13	14	15
16	17	18
19	20	21

El área del frente de esta puerta es 21 pies cuadrados.

Prueben todos juntos

Dibuja una figura que tenga un área de 6 centímetros cuadrados. Compara tu figura con la de un compañero.

Puedes dibujar unidades cuadradas sobre una figura para hallar su área.

Hacer marcas de referencia en el borde de la figura te puede ayudar a dibujar las unidades cuadradas.

Dibuja y cuenta los cuadrados para hallar el área.

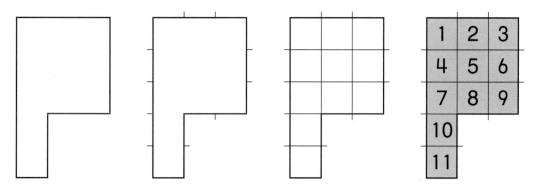

El área de esta figura es de 11 unidades cuadradas.

Prueben todos juntos

Dibuja una figura con un área de 13 pulgadas cuadradas. Compara tu figura con la de un compañero.

Capacidad y peso

Lean todos juntos

La cantidad que cabe en un recipiente se llama su **capacidad.**

● Puedes usar estas herramientas para medir la capacidad.

taza de medir

cucharas de medir

¿Para qué podrías usar una taza de medir?

probeta

cubo de 5 galones

El **peso** es la medida de lo pesado que es algo.

● Puedes usar estas herramientas para medir el peso.

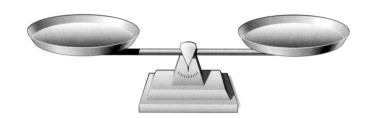

| 1g | 1g | 2g | 2g | 5g | 10g | 20g | 50g |

balanza de platillos con conjunto de pesas

báscula de baño   báscula de resorte

Aquí tienes algunas **unidades de capacidad.**

Tablas de medidas de capacidad

Unidades tradicionales de EE.UU.
1 taza (tz) = $\frac{1}{2}$ pinta
1 pinta = 2 tazas
1 cuarto (ct) = 2 pintas
1 cuarto = 4 tazas
1 galón (gal) = 4 cuartos
medio galón ($\frac{1}{2}$ gal) = 2 cuartos

Unidades métricas
1 litro (L) = 1,000 mililitros (mL)
$\frac{1}{2}$ litro = 500 mililitros

Aquí tienes algunas **unidades de peso.**

Tablas de medidas de peso

Unidades tradicionales de EE.UU.
1 libra (lb) = 16 onzas (oz)
1 tonelada (T) = 2,000 libras

Unidades métricas
1 kilogramo (kg) = 1,000 gramos (g)
1 tonelada métrica (t) = 1,000 kilogramos

Prueben todos juntos

¿Cuántas tazas hay en un galón?

Medidas por todas partes: animales y herramientas

¿Te has preguntado alguna vez cómo se miden los animales grandes? ¿Y los animales muy pequeños o peligrosos? Las personas usan muchas herramientas distintas para medir a los animales.

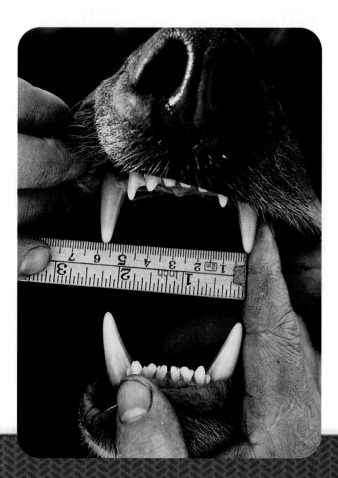

◄ Un investigador de osos usa una regla para medir la distancia entre los colmillos de un oso.

Estos científicos usan calibradores para medir la longitud del caparazón de una tortuga de mar y de un huevo grande. Un calibrador mide objetos de un extremo a otro. ➤

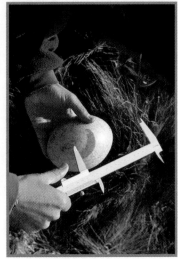

◄ Un herpetólogo estudia los reptiles y anfibios. Este herpetólogo usa una antena de radio para hallar la temperatura de una serpiente. La antena recoge señales desde un pequeño termómetro que está dentro de la serpiente.

◄ Un ornitólogo estudia las aves. Este ornitólogo usa una báscula de resorte para pesar un pichón de albatros.

Este ornitólogo usa un termómetro especial para medir la temperatura externa de un pingüino. ➤

Estos cuidadores del zoológico usan una gran báscula de plataforma para pesar elefantes. ¿Qué otros animales pueden necesitar una báscula extra grande? ➤

Un cuidador del zoológico usa una báscula digital para pesar a un guepardo. Esta báscula mide el peso en gramos. ¿Por qué querrán los cuidadores del zoológico saber el peso de un animal joven? ▼

¿Qué herramientas usas *tú* para medir?

Marcos de referencia

Tiempo

Lean todos juntos

Existen muchas maneras de mostrar el **tiempo**. Una manera es usar las manecillas de las horas y los minutos y los números del reloj para mostrar la hora. Otra manera es usar sólo números.

- Puedes usar relojes analógicos para decir la hora.

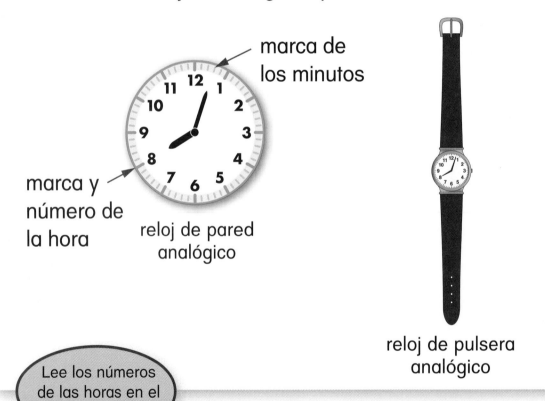

marca de los minutos

marca y número de la hora

reloj de pared analógico

reloj de pulsera analógico

Lee los números de las horas en el reloj de pared.

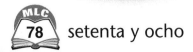

Puedes usar relojes digitales para mostrar la hora.

hora : minutos

reloj digital

reloj de pulsera digital

¿Lo sabías?

El primer reloj con manecilla para los minutos se inventó en 1577.

El reloj digital se inventó en 1956.

La **manecilla de las horas** muestra la hora.

La manecilla de las horas generalmente es la más corta de la carátula de un reloj.

marca de la hora

número de la hora

sentido de las manecillas del reloj

manecilla de las horas

La manecilla de las horas tarda 1 hora en moverse desde una marca de una hora hasta la marca de la siguiente hora.

Son **casi** las 3 en punto.

Son **entre** las 8 y las 9 en punto.

Es **un poco después** de las 5.

La **manecilla de los minutos** muestra los minutos.

La manecilla de los minutos generalmente es la manecilla más larga de la carátula de un reloj.

Es *alrededor de* la 1 y 25 minutos. Es *alrededor de* la 1:25.

La manecilla de los minutos tarda 1 minuto en moverse desde una marca de un minuto a la marca del siguiente minuto.

Las manecillas se mueven hacia la derecha. Esto se dice: **en el sentido de las manecillas del reloj.**

Las horas que van desde la medianoche hasta el mediodía son las horas **a.m.**

12:00 a.m.
12 de la noche

7:30 a.m.
7 y media

10:15 a.m.
10 y cuarto

12:00 p.m.
12 del mediodía

Las horas que van desde el mediodía hasta la medianoche son las horas **p.m.**

12:00 p.m.
12 del mediodía

3:30 p.m.
3 y media

7:45 p.m.
8 menos cuarto

12:00 a.m.
12 de la noche

Calendarios

Lean todos juntos

El **calendario** se usa para seguir los días de la semana y los meses del año.

mes   año

dom	lun	mar	mié	jue	vie	sáb
						1
2	3	4	5	6	7	8
9	10	11	12	13	14	15
16	17	18	19	20	21	22
23	24	25	26	27	28	29
30	31					

marzo de 2008

abreviación de los días

fechas

El **25** de **marzo** de **2008** es **martes**.

fecha   mes   año   día

¿Qué día de la semana cae el 6 de marzo de 2008?

Todos los meses, excepto uno, tienen 30 ó 31 días.

¿Qué mes no tiene ni 30 ni 31 días?

Número de días de cada mes

enero	31 días	julio	31 días
febrero	28 ó 29* días	agosto	31 días
marzo	31 días	septiembre	30 días
abril	30 días	octubre	31 días
mayo	31 días	noviembre	30 días
junio	30 días	diciembre	31 días

* 29 días en años bisiestos

Por lo general, hay un **año bisiesto** cada cuatro años.

Se le agrega un día adicional a febrero en un año bisiesto.

¿Lo sabías?

La Tierra tarda alrededor de $365\frac{1}{4}$ días en hacer un viaje completo alrededor del sol. Por esa razón, usualmente agregamos un día cada cuatro años.

Aquí tienes algunas **unidades de tiempo.**

Unidades de tiempo

1 minuto = 60 segundos
1 hora = 60 minutos
1 día = 24 horas
1 semana = 7 días
1 mes = 28, 29, 30 ó 31 días
1 año = 12 meses
1 año = 52 semanas más 1 día o 52 semanas más 2 días (en años bisiestos)
1 año = 365 días o 366 días (en años bisiestos)
1 década = 10 años
1 siglo = 100 años
1 milenio = 1,000 años

Prueben todos juntos

¿Cuántos días hay en 3 semanas? ¿Y en 5 semanas?

Temperatura

Lean todos juntos

Usamos un **termómetro** para saber la **temperatura**.

La temperatura nos dice qué tan caliente o frío está algo.

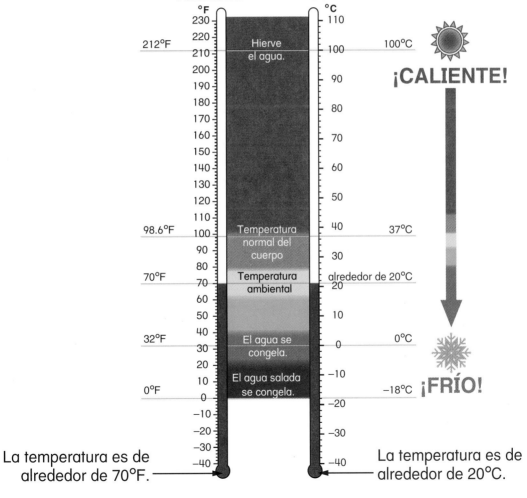

La temperatura es de alrededor de 70°F.

La temperatura es de alrededor de 20°C.

Dinero

Lean todos juntos

Usamos el **dinero** para comprar cosas.

Aquí tienes algunas de las monedas y billetes que se usan en Estados Unidos.

	Penny **1 centavo** **$0.01**	*Nickel* **5 centavos** **$0.05**
cara o frente		
cruz o reverso		
equivalencias	1 (P)	1 (N) 5 (P)

Nota

Usa las palabras *cara* y *cruz* cuando hables de monedas.

Usa las palabras *frente* y *reverso* cuando hables de billetes.

¿Cuántos *nickels* hay en 3 dólares?

Dime 10¢ $0.10	Quarter 25¢ $0.25	Dólar 100¢ $1.00

1 D 2 N 10 P	1 Q 5 N 25 P	1 $1 4 Q 10 D 20 N 100 P

Puedes usar la **notación en dólares con centavos** para escribir cantidades de dinero.

signo de dólar   dólares   punto decimal   centavos

Di: Cuatro dólares con siete centavos.

Puedes usar símbolos para mostrar cantidades de dinero.

Prueben todos juntos

Juega al "Intercambio de monedas" de las páginas 128 y 129 o al "Intercambio de un dólar" de las páginas 144 y 145.

Estimación

Estimación

Lean todos juntos

Una **estimación** es una respuesta que debe estar cerca de la respuesta exacta. A veces, una estimación se llama **cálculo aproximado.** Podemos usar cálculos aproximados, es decir, estimaciones que están "suficientemente cerca" para comprobar respuestas.

Haces estimaciones todos los días. Cuando dices las palabras *alrededor de* antes de un número, estás haciendo una estimación.

Una manera de estimar un número grande de objetos es mirar una parte más pequeña.

● ¿Alrededor de cuántos cubos hay en el frasco?

Hay alrededor de 25 cubos en la capa de arriba y 6 capas de cubos en el frasco. Cuatro veces 25 es 100 y dos veces 25 es 50. 100 más 50 es igual a 150.

Hay alrededor de 150 cubos en el frasco.

Otra forma de hallar una estimación es convertir los números en números **cercanos más simples.**

Hay 100 cartones de leche en el comedor.
53 niños de primer grado necesitan leche.
38 niños de segundo grado necesitan leche.
¿Hay suficiente leche en el comedor para los niños de primer y segundo grado?

Números cercanos
más simples

$$
\begin{array}{r}
53 \longrightarrow 50 \\
38 \longrightarrow +40 \\
\hline
90
\end{array}
$$

Se necesitan alrededor de 90 cartones de leche. Entonces, 100 cartones son suficientes para todos los niños de primer y segundo grado.

¿Qué palabra le indica a alguien que estás haciendo una estimación?

Usa una estimación para comprobar si una respuesta tiene sentido.

La clase de Anna sacó 94 libros de la biblioteca el mes pasado.

Devolvieron 37 libros.

¿Cuántos libros tiene la clase todavía?

Suma para hallar la respuesta.

$$+3 \quad +50 \quad +4$$
$$37 \longrightarrow 40 \longrightarrow 90 \longrightarrow 94$$

$$3 + 50 + 4 = 57$$

La clase todavía tiene **57** libros.

Haz una estimación para comprobar la respuesta.

Números cercanos
más simples

$$94 \longrightarrow 90$$
$$37 \longrightarrow -40$$
$$\overline{50}$$

Como 50 está cerca de 57, la respuesta tiene sentido.

Patrones y funciones

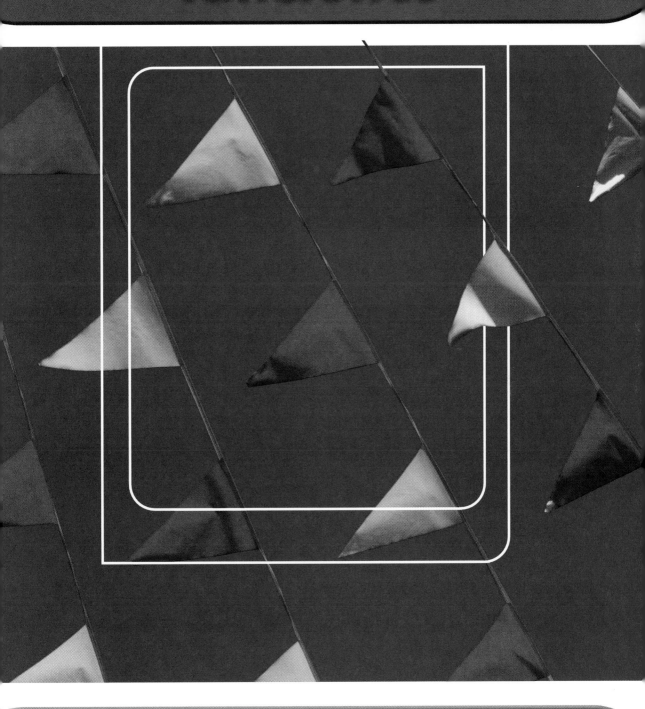

Patrones

Las figuras pueden formar **patrones.** Puedes saber qué viene después en un patrón si conoces la regla.

- Algunos patrones se repiten una y otra vez.

Los números también pueden formar patrones.

- Los números pares y los números impares pueden formar patrones de puntos.

Números pares	Números impares
2 4 6 8	1 3 5 7

Una cuadrícula de números tiene muchos patrones.

● Esta cuadrícula de números muestra números pares e impares.

−9	−8	−7	−6	−5	−4	−3	−2	−1	0
1	2	3	4	5	6	7	8	9	10
11	12	13	14	15	16	17	18	19	20
21	22	23	24	25	26	27	28	29	30
31	32	33	34	35	36	37	38	39	40
41	42	43	44	45	46	47	48	49	50
51	52	53	54	55	56	57	58	59	60
61	62	63	64	65	66	67	68	69	70
71	72	73	74	75	76	77	78	79	80
81	82	83	84	85	86	87	88	89	90
91	92	93	94	95	96	97	98	99	100
101	102	103	104	105	106	107	108	109	110

Los números **impares** están en verde.

Los números **pares** están en naranja.

Prueben todos juntos

Mira estos números. 203, 205, 207, 209, …
Dile a un compañero el número que sigue.

 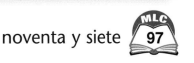

Marcos y flechas

Lean todos juntos

En un **diagrama de Marcos y flechas,** los **marcos** son las figuras que contienen números, y las **flechas** muestran el camino de un marco al siguiente.

Cada diagrama tiene una **casilla de reglas.** La **regla** de la casilla nos dice cómo ir de un marco al siguiente.

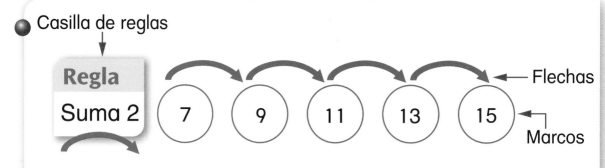

Casilla de reglas

Regla

Suma 2

7 → 9 → 11 → 13 → 15

Flechas

Marcos

◆ La regla es **Suma 2.**

◆ Suma 2 a 7. Eso da 9. 9 está en el segundo marco. Suma 2 a 9. Eso da 11. 11 está en el tercer marco.

¿Por qué está 15 en el último marco?

Usa la regla para hallar el número que falta.

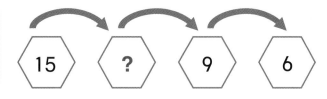

Regla

Resta 3

◆ La regla es **Resta 3.**

15 − 3 = **12**

El número que falta es **12.**

Usa los números que están en los marcos para hallar la regla.

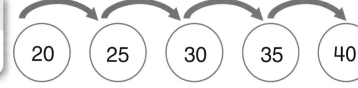

Regla

?

◆ Cada número es **5** más que el número anterior.

La regla es **Suma 5.**

Nota

Otro nombre para esta regla es **Cuenta 5 hacia adelante.**

Máquinas de funciones

Una **máquina de funciones** usa una regla para cambiar números. Pones un número en la máquina. La máquina usa la regla para cambiar el número. El nuevo número sale de la máquina.

◆ Si pones 2 en la máquina, **sumará 10** a 2. Saldrá el número 12.

◆ Si pones 4 en la máquina, **sumará 10** a 4. Saldrá el número 14.

◆ Si pones 0 en la máquina, **sumará 10** a 0. Saldrá el número 10.

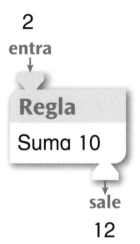

2

entra

Regla

Suma 10

sale

12

Una tabla de **entrada y salida** indica cómo una máquina de funciones cambia los números.

entra	sale
4	1
5	2
6	3
7	4

Escribe los números que se van poniendo en la máquina en la columna de **entra.** Escribe los números que van saliendo de la máquina en la columna de **sale.**

◆ Si pones 4 en la máquina, la máquina resta 3 a 4. Sale 1.

◆ Si sale 2, entonces se puso 5. La máquina restó 3 a 5.

Usa los números de entrada y de salida para hallar una regla para una máquina de funciones.

entra

Regla

?

sale

entra	sale
2	0
5	3
6	4
9	7

◆ ¿Cómo llegas de 2 a 0? **Resta 2.**
¿Cómo llegas de 5 a 3? **Resta 2.**
¿Puedes **restar 2** para ir de 6 a 4? Sí.

◆ La regla es **Resta 2.**

Prueben todos juntos

Pide a un compañero que escriba una regla. Escribe una tabla de entrada y salida para esa regla.

Patrones por todas partes

¡Los patrones están en todas partes! Los puedes ver en la naturaleza. Los puedes ver en las cosas que fabrican las personas.

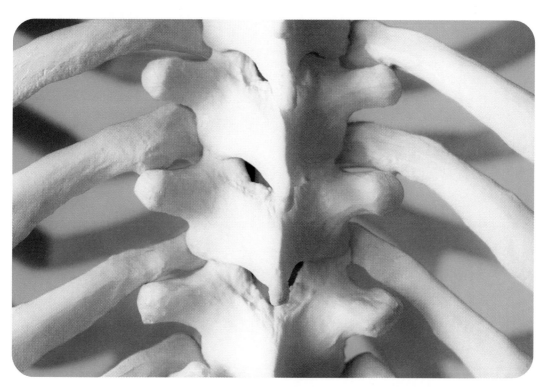

▲ ¿Qué patrones notas en la columna vertebral y en las costillas de los seres humanos?

◄ Las semillas de maíz y de kiwi crecen formando patrones. ▼

Describe los patrones que ves dentro y fuera de las conchas de nautilus. ▼

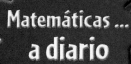

◄ ¿Qué patrones ves en esta tela?

Las bailarinas hawaianas forman patrones cuando bailan juntas. ▼

▲ Los indios pueblo pintan patrones como éste en la cerámica.

◄ Puedes ver patrones en el panal que hicieron las abejas.

¿Qué patrones ves en esta escalera en espiral? ➤

Mira a tu alrededor. ¿Qué patrones encuentras en la naturaleza? ¿Qué patrones creados por las personas puedes observar?

Historias de números

Historias de números y diagramas de situaciones

Lean todos juntos

Las **historias de números** son historias que usan números. Una manera de resolver historias de números es usar diagramas.

Algunas historias de números son sobre un total y sus partes. Un **diagrama de las partes y el total** te puede ayudar a resolverlas.

- Hay 8 crayones amarillos y 6 crayones azules. ¿Cuántos crayones hay en total?

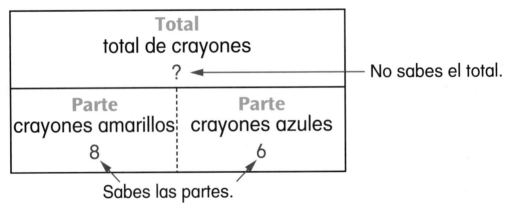

No sabes el total.

Sabes las partes.

Suma las partes para hallar el total.

Modelo numérico: 8 + 6 = **14**

Hay **14** crayones en total.

Algunas veces necesitas hallar una de las partes.

● Hay 24 estudiantes en un autobús.
9 son niñas. ¿Cuántos varones hay?

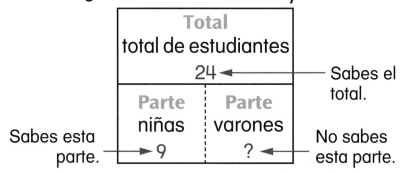

Puedes restar para resolver el problema.
Resta la parte que sabes del total.
La respuesta es la otra parte.

Modelo numérico: 24 − 9 = **15**

15 varones en el autobús

● También puedes sumar para resolver el problema.
Comienza con la parte que sabes. Suma para hallar
el total. La cantidad que sumas es la otra parte.

$$+1 \qquad +10 \qquad +4$$
$$9 \longrightarrow 10 \longrightarrow 20 \longrightarrow 24$$

1 + 10 + 4 = **15**

Modelo numérico: 9 + **15** = 24

15 varones en el autobús

Algunas historias de números tienen comparaciones.
Un **diagrama de comparación** te puede ayudar a
resolverlas.

● Jim tiene 13 años. Ron tiene 9 años.
¿Cuántos años le lleva Jim a Ron?

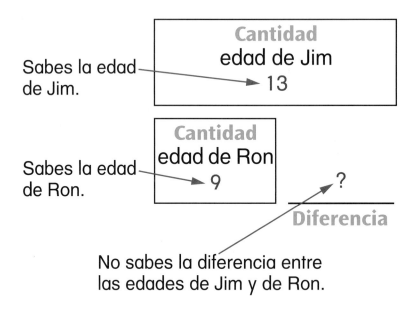

Sabes la edad de Jim.

Cantidad
edad de Jim
13

Sabes la edad de Ron.

Cantidad
edad de Ron
9

?
Diferencia

No sabes la diferencia entre
las edades de Jim y de Ron.

Puedes restar para hallar la diferencia.

Empieza por el número más grande.

Resta el número más pequeño.

La respuesta es la diferencia.

Modelo numérico: 13 − 9 = **4**

Jim tiene **4** años más que Ron.

También puedes sumar para hallar la diferencia.
Empieza por el número más pequeño.
Suma hasta llegar al número más grande.
La cantidad que sumas es la diferencia.

$$9 \xrightarrow{+1} 10 \xrightarrow{+3} 13$$

$1 + 3 = \textbf{4}$

Modelo numérico: $9 + \textbf{4} = 13$

Jim tiene **4** años más que Ron.

Cuéntale a tu compañero una historia de comparación.

Un diagrama te puede ayudar a resolver una historia de números sobre grupos que tienen el mismo número de objetos.

- Mía tiene 4 paquetes de chicle.
  Hay 5 barras de chicle en cada paquete.
  ¿Cuántas barras de chicle hay en total?

Número de grupos	Número de objetos en cada grupo	Número total de objetos
paquetes	*barras por paquete*	*total de barras*
4	5	?

Sabes el número de grupos.

Sabes el número de objetos de cada grupo.

No sabes el número total de objetos.

Modelo numérico: $4 \times 5 = $ **?**

Hay muchas maneras de resolver el problema.

● Puedes hacer un dibujo.

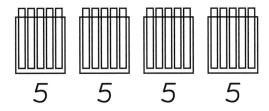

5   5   5   5

● Puedes contar salteado de 5 en 5.

5, 10, 15, **20**

● Puedes sumar 5 cuatro veces.

5 + 5 + 5 + 5 = **20**

Modelo numérico: $4 \times 5 =$ **20**

Hay **20** barras de chicle en total.

En las historias de números de partes iguales hay que dividir grupos de objetos en partes llamadas **porciones.** Un diagrama te puede ayudar a resolver una historia de partes iguales.

● Hay 24 canicas y 3 niños.
Cada niño debe tener el mismo número de canicas.
¿Cuántas canicas le tocan a cada niño?

Número de porciones	Número de objetos en cada porción	Número total de objetos
niños	canicas por niño	total de canicas
3	?	24

| Sabes el número de porciones. | No sabes el número de objetos que hay en cada porción. | Sabes el número total de objetos. |

Modelos numéricos: 3 × ? = 24
24 ÷ 3 = ?

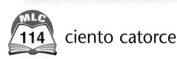

Una manera de resolver el problema es haciendo un dibujo.

Otra manera es usar fichas. Reparte 24 fichas en 3 porciones iguales para ver cuántas fichas hay en cada porción.

Modelos numéricos: $3 \times \mathbf{8} = 24$

$$24 \div 3 = \mathbf{8}$$

Cada niño tiene **8** canicas.

En las historias de cambio, el número con el que empiezas cambia a un número mayor o a un número menor. Un **diagrama de cambio** te puede ayudar a resolver una historia de cambio a más.

● Britney tenía 7 conchas.
  Encontró 9 conchas más.
  ¿Cuántas conchas tiene Britney en total?

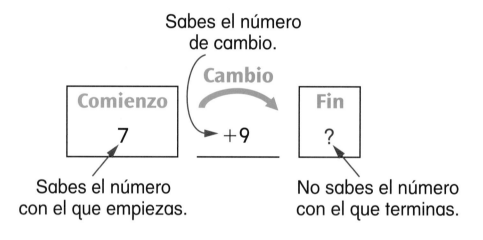

Sabes el número de cambio.

Cambio

Comienzo 7

+9

Fin ?

Sabes el número con el que empiezas.

No sabes el número con el que terminas.

Modelo numérico: $7 + 9 = $ **16**

Britney tiene **16** conchas en total.

Un diagrama de cambio te puede ayudar
a resolver una historia de cambio a menos.

Hay 15 niños en un autobús.
6 niños se bajan.
¿Cuántos niños quedan en el autobús?

Sabes el número
de cambio.

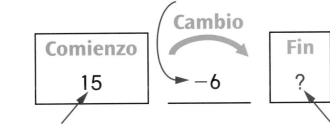

Sabes el número con
el que empiezas.

No sabes el número
con el que terminas.

Modelo numérico: 15 − 6 = **9**

Quedan **9** niños en el autobús.

Historias de números

A veces necesitas hallar el cambio en una historia de cambio. Un diagrama de cambio puede ayudarte a resolver este tipo de historia de números.

Por la mañana, la temperatura fue de 50°F.
Por la tarde, la temperatura fue de 63°F.
¿Cuál fue el cambio de temperatura?

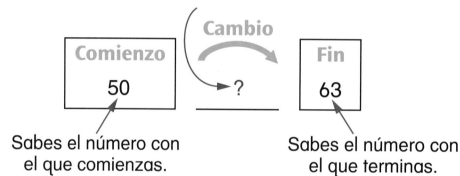

No sabes el
número de cambio.

Cambio

Comienzo
50

?

Fin
63

Sabes el número con
el que comienzas.

Sabes el número con
el que terminas.

Modelo numérico: $50 + 13 = 63$

El cambio de temperatura fue de $+13°F$.

Prueben todos juntos

Túrnate con un compañero para inventar historias de números y resolverlas.

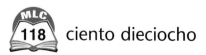

Juegos

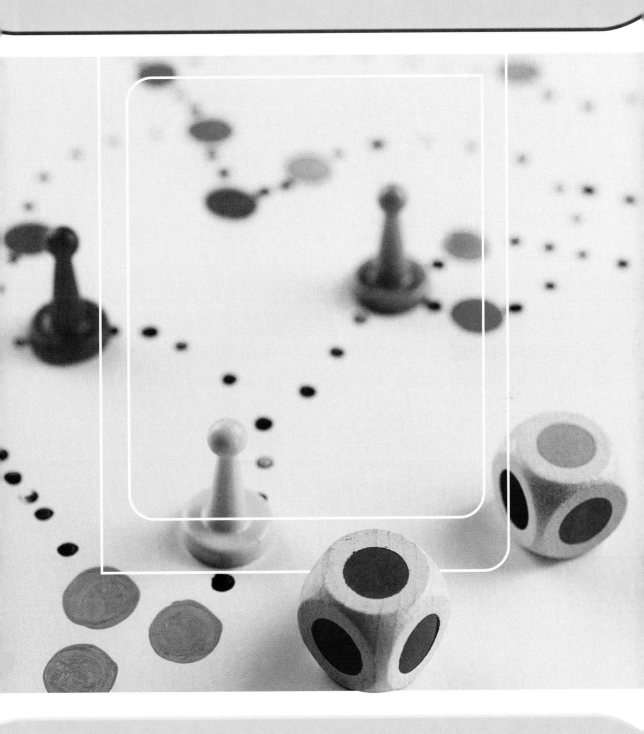

Rueda de la suma

Materiales ❏ 1 rueda giratoria de *Rueda de la suma*

❏ 1 clip

❏ 1 lápiz

❏ 1 calculadora

❏ 2 hojas de papel

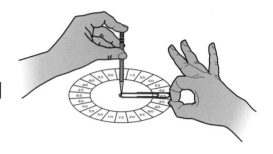

Jugadores 2

Destreza Suma mental

Objetivo del juego Sacar el total mayor

Instrucciones

1. Los jugadores se turnan para ser el "girador" y el "comprobador".

2. El girador usa un lápiz y un clip para hacer una rueda giratoria.

3. El girador hace girar el clip.

4. El girador escribe el número al que apunta el clip. Si el clip apunta a más de un número, el girador escribe el número menor.

5. El girador hace girar la rueda por segunda vez y escribe el nuevo número.

6. El girador suma los 2 números y escribe el resultado. El comprobador comprueba la suma de los 2 números con una calculadora.

7. Si la suma es correcta, el girador la encierra en un círculo. Si la suma es incorrecta, el girador la corrige pero no la encierra en un círculo.

8. Los jugadores intercambian los roles. Terminan luego de haber jugado 5 turnos cada uno. Cada jugador usa una calculadora para hallar el total de sus puntajes encerrados en un círculo.

9. El jugador que tiene el total mayor gana.

Sam saca 5 y 25. Escribe 30.
Mía saca 10 y 10. Escribe 20.
Sam tiene la suma mayor.

Supera la suma

Materiales ☐ tarjetas de números del 0 al 10
(4 de cada número)

Jugadores 2 a 4

Destreza Operaciones de suma de 0 a 10

Objetivo del juego Juntar la mayor cantidad de tarjetas

Instrucciones

1. Revuelve las tarjetas. Coloca la baraja boca abajo en la mesa.

2. Cada jugador da vuelta 2 tarjetas y dice en voz alta la suma de los números.

3. El jugador que tiene la suma mayor gana la ronda y se lleva todas las tarjetas.

4. En caso de empate en la suma mayor, cada jugador que empata da vuelta 2 tarjetas más y dice en voz alta la suma. El jugador que tiene la suma mayor se lleva todas las tarjetas.

5. El juego termina cuando no quedan tarjetas suficientes para que cada jugador juegue otro turno.

6. El jugador que tiene más tarjetas gana.

Andrew da vuelta un 2 y un 3. Dice: "2 más 3 es igual a 5".

Tanya da vuelta un 8 y un 9. Dice: "8 más 9 es igual a 17. 17 es más que 5. Me llevo las cuatro tarjetas".

Otra forma de jugar

Usa dominós en vez de tarjetas.

Gánale a la calculadora

Materiales ❑ tarjetas de números del 0 al 9 (4 de cada número)

❑ 1 calculadora

Jugadores 3

Destreza Suma mental

Objetivo del juego Sumar números más rápidamente que un jugador con calculadora

Instrucciones

1. Un jugador es el "Árbitro". Otro jugador es el "Calculador". El tercer jugador es el "Cerebro".

2. Revuelve las tarjetas. Coloca la baraja boca abajo en la mesa.

3. El Árbitro saca 2 tarjetas de la baraja de números y pregunta cuánto da la suma de los números.

4. El Calculador resuelve el problema *con* la calculadora. El Cerebro lo resuelve *sin* la calculadora. El Árbitro decide quién fue el primero en dar la respuesta.

5. El Árbitro continúa sacando de la baraja de números 2 tarjetas cada vez y preguntando cuánto es la suma de los números.

6. Los jugadores intercambian roles cada 10 turnos más o menos.

● El Árbitro saca un 2 y un 9 y dice: "2 más 9".

El Cerebro y el Calculador resuelven cada uno el problema.

El Árbitro decide quién fue el primero en dar la respuesta.

Otra forma de jugar

El Árbitro puede elegir problemas de la Tabla de operaciones básicas.

Antes y después

Materiales ❑ tarjetas de números del 0 al 10
(4 de cada número)

Jugadores 2

Destreza Identificar números que sean 1 menos o
1 más que un número dado

Objetivo del juego Tener menos tarjetas

Instrucciones

1. Revuelve las tarjetas.

2. Reparte 6 tarjetas a cada jugador.

3. Coloca 2 tarjetas boca arriba en la mesa.

4. Pon el resto de la baraja boca abajo.

5. Los jugadores se turnan. Cuando sea tu turno:
- Busca cualquier número en tu mano que esté
antes o *después* de uno de los números que
están sobre la mesa. Ponlo encima del
número. Juega todas las tarjetas que puedas.
- Toma todas las tarjetas que necesites de la
baraja para tener nuevamente 6 tarjetas.

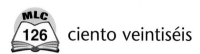

- Si no puedes jugar ninguna tarjeta cuando llega tu turno, toma 2 tarjetas de la baraja. Colócalas boca arriba encima de los 2 números que están en la mesa. Otra vez intenta jugar tarjetas de las que tienes en la mano. Si aún no puedes, se te acaba el turno.

6. El juego termina cuando:
   - No quedan más tarjetas en la baraja.
   - Ningún jugador puede jugar más tarjetas.

7. El jugador que tenga menos tarjetas gana.

Sally le reparte 6 tarjetas a Ricky y se reparte 6 tarjetas a ella misma. Luego da vuelta un 9 y un 2 y los coloca sobre la mesa.

Ricky pone un 8 encima del 9 y dice: "8 está antes que 9". Luego Ricky toma otra tarjeta de la baraja.

8 está antes que 9.

Intercambio de monedas

Materiales ❑ 20 *pennies*, 10 *nickels*, 10 *dimes*, 2 *quarters*

❑ 2 dados de seis lados

❑ 1 hoja de papel con el rótulo "Banco"

Jugadores 2

Destreza Equivalencias de monedas

Objetivo del juego Tener más dinero

Instrucciones

1. Coloca todas las monedas en el "Banco".

2. Los jugadores se turnan. Cuando sea tu turno, lanza ambos dados y saca del banco la cantidad que sale.

3. Siempre que puedas:
   • Cambia 5 *pennies* por un *nickel* en el banco.
   • Cambia 2 *nickels* o 5 *pennies* y 1 *nickel* por un *dime*.
   • Cambia una combinación de *nickels* y *dimes* por un *quarter*.

4. El juego termina cuando no quedan más *quarters* en el banco.

5. El jugador que tiene más dinero gana.

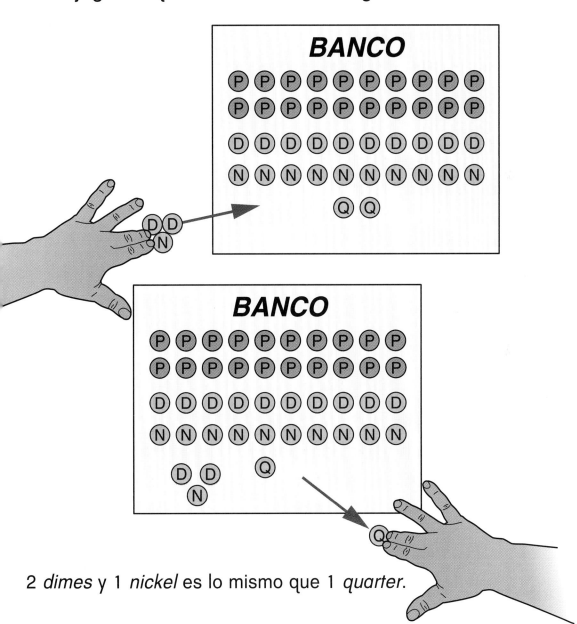

2 *dimes* y 1 *nickel* es lo mismo que 1 *quarter*.

Juego de la diferencia

Materiales ❏ tarjetas de números del 1 al 10
(4 de cada número)
❏ 40 *pennies*
❏ 1 hoja de papel con el rótulo "Banco"

Jugadores 2

Destreza Operaciones de resta

Objetivo del juego Llevarse más *pennies*

Instrucciones

1. Revuelve las tarjetas. Coloca la baraja boca abajo en la mesa.

2. Pon 40 *pennies* en el banco.

3. Para jugar una ronda, cada jugador:
• Toma 1 tarjeta de la parte de arriba de la baraja.
• Toma el mismo número de *pennies* del banco que el que aparece en su tarjeta.

4. Averigua cuántos *pennies* más tiene uno de los jugadores que el otro. Forma todos los pares de *pennies* que puedas.

5. El jugador que tiene más *pennies* se queda con los *pennies* adicionales. El resto de los *pennies* vuelve al banco.

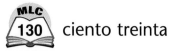

6. El juego se acaba cuando no quedan en el banco suficientes *pennies* para jugar otra ronda.

7. El jugador que tiene más *pennies* es el ganador.

Amy saca un 8. Saca 8 *pennies* del banco.

John saca un 5. Saca 5 *pennies* del banco.

Amy y John forman todos los pares de *pennies* que pueden.

Amy tiene 3 *pennies* más que John. Se queda con los 3 *pennies* adicionales y devuelve 5 *pennies* al banco. John devuelve sus 5 *pennies* al banco.

Amy se queda con la diferencia: 3 *pennies*.

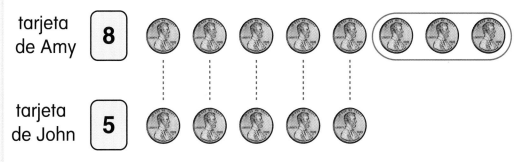

tarjeta de Amy **8**

tarjeta de John **5**

Juego de los dígitos

Materiales ❑ tarjetas de números del 0 al 9
(4 de cada número)

Jugadores 2

Destreza Formar números y compararlos

Objetivo del juego Juntar más tarjetas

Instrucciones

1. Revuelve las tarjetas. Coloca la baraja boca abajo en la mesa.

2. Cada jugador saca 2 tarjetas de la baraja y las usa para formar el mayor número de 2 dígitos posible.

3. El jugador que tiene el número mayor se lleva las 4 tarjetas.

4. El juego se acaba cuando se han usado todas las tarjetas.

5. El jugador que tiene más tarjetas gana.

Tina saca un 5 y un 3. Forma el número 53.
Raúl saca un 1 y un 4. Forma el número 41.

Tina	**Raúl**
Las tarjetas de Tina son un 5 y un 3.	Las tarjetas de Raúl son un 1 y un 4.
5 3	1 4
Tina forma el número 53.	Raúl forma el número 41.

El número de Tina es mayor que el número de Raúl.
Tina se lleva las 4 tarjetas.

Otras maneras de jugar

Forma números de 3 dígitos: Cada jugador saca
3 tarjetas y las usa para formar el mayor número de
3 dígitos posible. El juego continúa como el juego
normal.

Se gana con menos tarjetas: El jugador que tiene
menos tarjetas gana.

Juego de las operaciones extendidas

Materiales ❑ tarjetas de números del 0 al 9 (4 de cada número)
❑ 1 dado de seis lados
❑ 1 calculadora
❑ 1 hoja para cada jugador

Jugadores 2

Destreza Hallar sumas de números de 2 dígitos y múltiplos de 10

Objetivo del juego Tener el total más alto

Instrucciones

1. Revuelve las tarjetas. Coloca la baraja boca abajo en la mesa.

2. Cada jugador saca 2 tarjetas de la baraja y forma el mayor número de 2 dígitos posible.

3. Los jugadores se turnan para lanzar el dado y formar otro número de 2 dígitos usando el número que sale en el dado en las decenas y un cero en las unidades.

4. Cada jugador suma sus 2 números y anota la suma en una hoja.

5. Luego de 4 rondas, los jugadores usan la calculadora para hallar el total de sus 4 sumas.

6. El jugador que tiene el total más alto gana.

● Anna saca un 3 y un 5. Forma el número 53.
Luego, Anna saca un 6. Forma el número 60.

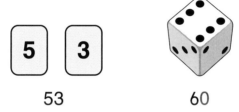

53   60

Anna halla la suma de sus números.

53 + 60 = 113

Alcanza el objetivo

Materiales ❑ 1 calculadora

❑ 1 Hoja de registro de *Alcanza el objetivo* para cada jugador

Jugadores 2

Destreza Hallar diferencias entre números de 2 dígitos y múltiplos de diez

Objetivo del juego Llegar al número objetivo

Instrucciones

1. Los jugadores se ponen de acuerdo para elegir un múltiplo de 10 de 2 dígitos como *número objetivo*. Cada jugador anota el número objetivo en una Hoja de registro.

2. El Jugador 1 elige un *número inicial* menor que el número objetivo y lo anota en la Hoja de registro del Jugador 2.

3. El Jugador 2 marca el número inicial en la calculadora e intenta convertir el número inicial en el número objetivo sumando o restando con la calculadora.

4. El Jugador 2 continúa sumando o restando hasta llegar al número objetivo.

5. El Jugador 1 anota cada cambio y su resultado en la Hoja de registro del Jugador 2.

6. Los jugadores intercambian roles. El Jugador 2 elige un número inicial para el Jugador 1 y completa la Hoja de registro del Jugador 1 mientras el Jugador 1 usa la calculadora.

7. El jugador que llega al número objetivo en el menor número de intentos gana la ronda.

Hoja de registro de *Alcanza el objetivo*

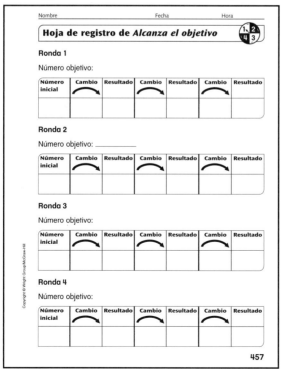

Dale nombre a ese número

Materiales ❑ tarjetas de números del 0 al 20 (4 de cada número del 0 al 10 y 1 de cada número del 11 al 20)

Jugadores 2 a 4 (el juego es más divertido cuando se juega con 3 ó 4 jugadores)

Destreza Usar la suma y la resta para dar nombre a números equivalentes

Objetivo del juego Juntar más tarjetas

Instrucciones

1. Revuelve la baraja y coloca 5 tarjetas boca arriba en la mesa. Deja el resto de la baraja boca abajo. Da vuelta la tarjeta de arriba y ponla al lado. El número de esta tarjeta es el número al que hay que darle nombre. Éste será el *número objetivo*.

2. Los jugadores se turnan. Cuando sea tu turno:
   • Intenta darle nombre al número objetivo sumando o restando los números que aparecen en 2 o más de las 5 tarjetas que están boca arriba. Cada tarjeta se puede usar una sola vez por turno.

- Si puedes darle nombre al número objetivo, toma las tarjetas que usaste para nombrarlo y la tarjeta del número objetivo. Reemplaza todas las tarjetas que tomaste sacando otras de la baraja.

- Si no puedes darle nombre al número objetivo, se acaba tu turno. Da vuelta la tarjeta de más arriba de la baraja y ponla en el montón del número objetivo. El número de esta tarjeta es el nuevo número objetivo.

3. El juego continúa hasta que se hayan dado vuelta todas las tarjetas de la baraja. El jugador que se haya llevado más tarjetas gana.

Mae y Joe se turnan para jugar.

4   10   8   12   2   6

Le toca a Mae. El número objetivo es 6. Mae le da nombre al número diciendo $12 - 4 - 2$. También podría haber dicho $4 + 2$ u $8 - 2$.

Mae toma las tarjetas 12, 4, 2 y 6. Luego las reemplaza con tarjetas que sacó de la baraja.

Ahora es el turno de Joe.

Resta con la cuadrícula de números

Materiales
- ❏ tarjetas de números del 0 al 9 (4 de cada número)
- ❏ 1 cuadrícula de números completa
- ❏ 1 Hoja de registro de *Resta con la cuadrícula de números*
- ❏ 2 fichas
- ❏ 1 calculadora

Jugadores 2

Destreza Resta de números de 2 dígitos con la cuadrícula de números

Objetivo del juego Obtener la suma más baja

Instrucciones

1. Revuelve las tarjetas. Pon la baraja boca abajo en la mesa.

2. Túrnense. Cuando sea tu turno:
- Toma 2 tarjetas de la baraja y úsalas para formar un número de 2 dígitos. Pon una ficha en la cuadrícula para marcar tu número.
- Halla la diferencia entre tu número y el de tu compañero.
- Esta diferencia es el puntaje que sacas en tu turno. Escribe los 2 números y tu puntaje en la Hoja de registro.

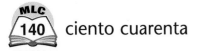

3. Continúa jugando hasta que cada jugador haya jugado 5 turnos y haya anotado 5 puntajes.

4. Halla la suma de tus 5 puntajes. Puedes usar tu calculadora para sumar.

5. El jugador que obtenga la suma más baja gana.

Ellie saca dos 4. Forma el número 44 y lo anota como su número en la Hoja de registro.

Carlos saca un 6 y un 3 y forma el número 63.
Ellie anota 63 en la Hoja de registro.
Luego, Ellie resta.

$63 - 44 = 19$

Ellie anota 19 como la diferencia.

Hoja de registro de *Resta con la cuadrícula de números*

Juego de la cuadrícula de números

Materiales
- ❏ 1 cuadrícula de números
- ❏ 1 dado de seis lados
- ❏ 1 ficha para cada jugador

Jugadores 2 o más

Destreza Contar en la cuadrícula de números

Objetivo del juego Caer en el 110 sin pasarte

Instrucciones

1. Los jugadores ponen sus fichas en el 0 en la cuadrícula de números.

2. Túrnense. Cuando sea tu turno:
- Tira el dado.
- Usa la tabla para ver cuántos espacios tienes que mover tu ficha.
- Mueve la ficha ese número de espacios.

3. Continúa jugando. El ganador es el primer jugador que cae en 110 sin pasarse.

Tirada	Espacios
•	1 ó 10
••	2 ó 20
•••	3
••••	4
•••••	5
••••••	6

Cuadrícula de números

−9	−8	−7	−6	−5	−4	−3	−2	−1	0
1	2	3	4	5	6	7	8	9	10
11	12	13	14	15	16	17	18	19	20
21	22	23	24	25	26	27	28	29	30
31	32	33	34	35	36	37	38	39	40
41	42	43	44	45	46	47	48	49	50
51	52	53	54	55	56	57	58	59	60
61	62	63	64	65	66	67	68	69	70
71	72	73	74	75	76	77	78	79	80
81	82	83	84	85	86	87	88	89	90
91	92	93	94	95	96	97	98	99	100
101	102	103	104	105	106	107	108	109	110

Intercambio de un dólar

Materiales ❑ 1 dólar, 20 *dimes* y 20 *pennies*

❑ 1 Tablero de valor posicional por jugador

❑ 2 dados de seis lados

❑ 1 hoja de papel con el rótulo "Banco"

Jugadores 2

Destreza Equivalencias de monedas y billetes

Objetivo del juego Hacer el intercambio por un dólar

Instrucciones

1. Coloca todo el dinero en el "Banco".

2. Los jugadores se turnan. Cuando sea tu turno:

• Tira los dados y halla el número total de puntos.

• Toma ese número de centavos del banco y coloca las monedas en el Tablero de valor posicional.

• Si hay 10 o más *pennies* en la columna de *pennies*, cambia 10 *pennies* por 1 *dime*. Coloca el *dime* en la columna de *dimes*.

• Si hay 10 o más *dimes* en la columna de *dimes*, cambia 10 *dimes* por 1 dólar.

3. El ganador es el primer jugador en hacer el intercambio por un dólar.

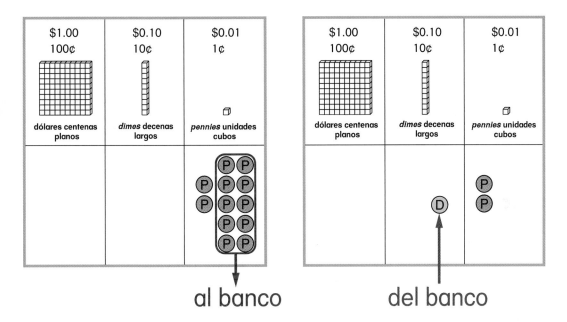

al banco   del banco

Intercambio de 10 *pennies* por 1 *dime*

Plato de **pennies**

Materiales ❑ 10 *pennies*

❑ 1 plato de plástico pequeño

Jugadores 2

Destreza Operaciones de suma igual a diez

Objetivo del juego Conseguir 5 puntos

Instrucciones

1. El Jugador 1:

• Pone el plato boca abajo.

• Esconde algunos *pennies* debajo del plato.

• Pone los *pennies* que quedan encima del plato.

2. El Jugador 2:

• Cuenta los *pennies* que están encima del plato.

• Deduce cuántos *pennies* hay escondidos debajo del plato.

> Veo 6 *pennies*.
> Hay 10 *pennies* en total.
> Entonces, hay 4 *pennies*
> debajo del plato.

3. Si el número es correcto, el Jugador 2 obtiene un punto.

4. Los jugadores intercambian roles y repiten los pasos 1 y 2.

5. Cada jugador lleva la cuenta de sus puntos. El primer jugador en conseguir 5 puntos es el ganador.

Otra manera de jugar

Usa un número diferente de *pennies*.

Supera la resta

Materiales ☐ tarjetas de números del 0 al 10
(4 de cada número)

Jugadores 2 a 4

Destreza Operaciones de resta del 0 al 10

Objetivo del juego Juntar la mayor cantidad de tarjetas

Instrucciones

1. Revuelve las tarjetas. Coloca la baraja boca abajo en la mesa.

2. Cada jugador da vuelta 2 tarjetas y resta el número menor al número mayor.

3. El jugador que tiene la diferencia mayor gana la ronda y se lleva todas las tarjetas.

4. En caso de empate en la diferencia mayor, cada jugador que empata da vuelta 2 tarjetas más y dice en voz alta la diferencia. El jugador que tenga la diferencia mayor se lleva todas las tarjetas.

5. El juego termina cuando ya no quedan tarjetas suficientes para que cada jugador juegue otro turno.

6. El jugador que tiene más tarjetas gana.

Ari da vuelta un 7 y un 5. Dice: "7 menos 5 es igual a 2".
Lola da vuelta un 9 y un 6. Dice: "9 menos 6 es igual a 3. 3 es más que 2. Me llevo las cuatro tarjetas".

Otra manera de jugar

Usa dominós en vez de tarjetas.

Juego del 3, 2, 1

Materiales ❑ 1 hoja de papel

❑ 1 lápiz para cada jugador

Jugadores 2

Destreza Destrezas de resta mental

Objetivo del juego Llegar exactamente a 0

Instrucciones

1. Escribe 21 al comienzo de la hoja de papel.

2. Los jugadores se turnan. Cuando sea tu turno, resta 1, 2 ó 3 del último número escrito en la hoja.

3. El primer jugador que reste y obtenga 0 como respuesta gana el juego.

$$21$$
$$-2$$
$$19$$
$$-3$$
$$16$$
$$-3$$
$$13$$
$$-1$$
$$12$$

Comienza con 21.
El Jugador 1 resta 2.

El Jugador 2 resta 3.

El Jugador 1 resta 3.

El Jugador 2 resta 1.

Cada jugador ha tenido 2 turnos. El juego continúa hasta que un jugador resta y obtiene 0 como respuesta.

Pares de horas

Materiales ❑ 12 tarjetas de relojes analógicos de
Pares de horas

❑ 12 tarjetas de relojes digitales de
Pares de horas

Jugadores 2 ó 3

Destreza Decir la hora

Objetivo del juego Hallar la mayor cantidad
posible de pares de tarjetas

Instrucciones

1. Revuelve las tarjetas. Coloca las 24 tarjetas
boca abajo en la mesa, en una matriz de 4 por 6.

2. Los jugadores se turnan. Cuando llegue tu turno:
• Da vuelta 2 tarjetas.
• Si las tarjetas forman un par, te las llevas. Se
termina tu turno.
• Si las tarjetas no forman un par, dales vuelta
para que queden boca abajo, en la misma
posición que antes. Se termina tu turno.

3. Cuando se tomen todas las tarjetas, el jugador
que tiene más pares gana.

John dio vuelta 2 tarjetas. Ambas muestran 3:00. Las tarjetas forman un par, por lo que John se las llevó.

Yoko dio vuelta 2 tarjetas. Una tarjeta muestra 6:00. La otra tarjeta muestra 5:15. Las tarjetas no forman un par, por lo que Yoko las pondrá de nuevo boca abajo, en la misma posición.

Éstas son las tarjetas de John.

Yoko dio vuelta estas tarjetas.
No se las llevará.

Supéralo

Materiales ❑ tarjetas de números del 0 al 10
(4 de cada número)

Jugadores 2

Destreza Comparar números

Objetivo del juego Juntar más tarjetas.

Instrucciones

1. Revuelve las tarjetas. Coloca la baraja boca abajo en la mesa.

2. Cada jugador da vuelta 1 tarjeta y dice el número que hay en ella.

3. El jugador que tiene el número mayor se lleva ambas tarjetas. Si las dos muestran el mismo número, cada jugador da vuelta otra tarjeta. El jugador que tenga el número mayor se lleva las 4 tarjetas de esa ronda.

4. El juego termina cuando se haya dado vuelta a todas las tarjetas.

5. El jugador que tiene más tarjetas gana.

Pam da vuelta un 4. Dice: "4".

Mark da vuelta un 6. Dice: "6. 6 es mayor que 4, entonces me llevo ambas tarjetas".

Otra manera de jugar

Usa dominós en vez de tarjetas.

Tric Trac

Materiales ☐ 2 dados de seis lados

☐ 20 *pennies*

☐ 1 Tablero de juego de *Tric Trac* para cada jugador

Jugadores 2

Destreza Operaciones básicas de suma del 0 al 10

Objetivo del juego Obtener la suma más baja.

Instrucciones

1. Cubre los círculos vacíos de tu tablero de juego con *pennies*.

2. Túrnense. Cuando sea tu turno:

• Tira el dado. Halla el número total de puntos. Ésta es tu suma.

• Mueve 1 de tus *pennies* y colócalo en tu tablero de juego cubriendo el número que dio la suma.

O

• Mueve 2 o más de tus *pennies* y cubre los números del tablero que, sumados, den como resultado tu suma.

3. El juego continúa hasta que no puedas cubrir más números en tu tablero de juego. Tu compañero puede seguir jugando aunque tú hayas terminado.

4. El juego se acaba cuando ningún jugador puede cubrir más números en su tablero de juego.

5. Halla la suma de los números que tienes al descubierto. El jugador que tiene la suma más baja gana.

Tablero de juego de *Tric Trac* montado

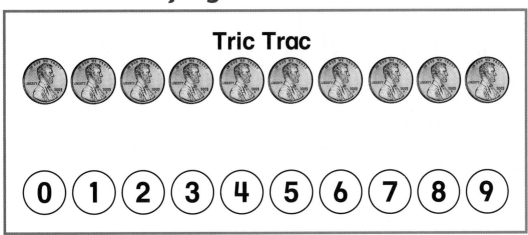

Ve a la página 158 para ver un ejemplo.

David sacó un 1 y un 2.
La suma de David es 3.

Tric Trac

Ésta es una manera en que David puede cubrir su suma.

Tric Trac

Ésta es otra manera en que David puede cubrir su suma.

Calculadoras

Calculadoras

Lean todos juntos

Una **calculadora** es una herramienta que te ayuda a hacer muchas cosas. Puedes usarla para contar, sumar, restar, multiplicar y dividir. No todas las calculadoras son iguales.

Aquí tienes un tipo de calculadora.

Ésta es la pantalla.

MRC borra la memoria.

ON/C enciende la calculadora y borra la pantalla.

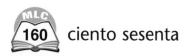

Aquí tienes otro tipo de calculadora.

Ésta es la pantalla.

C borra la pantalla.

AC enciende la calculadora y borra la pantalla y la memoria.

Con una calculadora, puedes **contar salteado** hacia adelante o hacia atrás.

Usa 🖩 para contar salteado. Comienza en 1. Cuenta hacia adelante de 2 en 2.

Programa la calculadora	Teclas que debes oprimir	Pantalla
Borra la pantalla.	ON/C	0.
Marca el número inicial.	1	1.
Indícale que cuente hacia adelante salteando con el número que elijas.	⊞ 2	2.
Indícale que salte al próximo número.	=	3.
Indícale que salte al próximo número.	=	5.
Indícale que salte al próximo número.	=	7.

Puedes contar hacia atrás oprimiendo ⊟ en lugar de ⊞ .

Nota

Cuando cuentas salteado comenzando por un número negativo, es necesario marcar el número inicial y luego oprimir la tecla [+/−] para que el número se haga negativo.

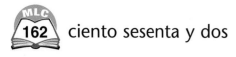

Usa 📱 para contar salteado. Comienza en 1. Cuenta hacia adelante de 2 en 2.

Programa la calculadora	Teclas que debes oprimir	Pantalla
Borra la pantalla.	(AC)	0.
Indícale que cuente hacia adelante salteando con el número que elijas.	2 (+) (+)	K 2.+
Marca el número inicial	1	K 1.+
Indícale que salte hasta el próximo número.	(=)	K 3.+
Indícale que salte hasta el próximo número.	(=)	K 5.+
Indícale que salte hasta el próximo número.	(=)	K 7.+

Puedes contar hacia atrás oprimiendo (−)(−) en lugar de (+)(+).

Nota

Siempre borra la pantalla antes de empezar con algo nuevo.

Todas las calculadoras tienen teclas para las **operaciones básicas**.

● Estas tablas muestran problemas de suma y resta.

Operación	Problema	Secuencia de teclas	Pantalla
Suma	2 + 4	2 + 4 =	6.
Suma	23 + 19	23 + 19 =	42.

Operación	Problema	Secuencia de teclas	Pantalla
Resta	10 − 7	10 − 7 =	3.
Resta	51 − 16	51 − 16 =	35.

Nota

Pregúntate si el número que aparece en la pantalla tiene sentido. Esto te ayuda a darte cuenta de si oprimiste la tecla incorrecta o cometiste otro error.

En estas tablas se muestran problemas de multiplicación y división.

Operación	Problema	Secuencia de teclas	Pantalla
Multiplicación	2 × 5	2 ⓧ 5 ⚌	10.
Multiplicación	6 × 14	6 ⓧ 14 ⚌	84.

Operación	Problema	Secuencia de teclas	Pantalla
División	10 ÷ 2	10 ⊛ 2 ⚌	5.
División	92 ÷ 4	92 ⊛ 4 ⚌	23.

Prueben todos juntos

Jueguen a *Gánale a la calculadora* en las páginas 124 y 125.

Índice

Índice

Índice